中国顶级建筑表现案例精选①

商业建筑（下）

BUSINESS BUILDING

中国林业出版社

图书在版编目（CIP）数据

中国顶级建筑表现案例精选．①，商业建筑 / 《中国顶级建筑表现案例精选》编委会编．-- 北京 ：中国林业出版社，2016.7

ISBN 978-7-5038-8632-4

Ⅰ．①中… Ⅱ．①中… Ⅲ．①商业－服务建筑－建筑设计－作品集－中国 Ⅳ．① TU206 ② TU247

中国版本图书馆 CIP 数据核字 (2016) 第 176060 号

主　　编：李　壮
副 主 编：李　秀
艺术指导：陈　利
编　　写：徐琳琳　卢亚男　谢　静　梅　非　王　超　吕聃聃　汤　阳
林　贺　王明明　马翠平　蔡洋阳　姜雪洁　王　惠　王　莹
石薛杰　杨　丹　李一茹　程　琳　李　奔
组　　稿：胡亚凤
设计制作：张　宇　马天时　王伟光

中国林业出版社·建筑分社
责任编辑：纪　亮、王思源

出 版：中国林业出版社（100009 北京西城区德内大街刘海胡同 7 号）
印 刷：北京利丰雅高长城印刷有限公司
发 行：新华书店
电 话：（010）8314 3518
版 次：2016 年 7 月 第 1 版
印 次：2016 年 7 月 第 1 次
开 本：635mm × 965mm，1/16
印 张：21
字 数：200 千字
定 价：720.00 元（上、下册）

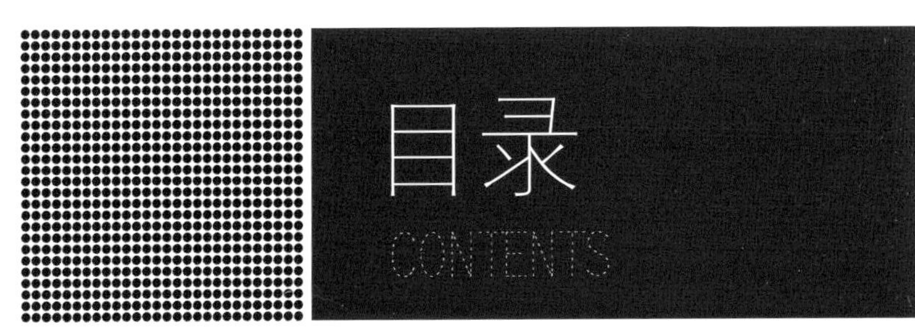

目录 CONTENTS

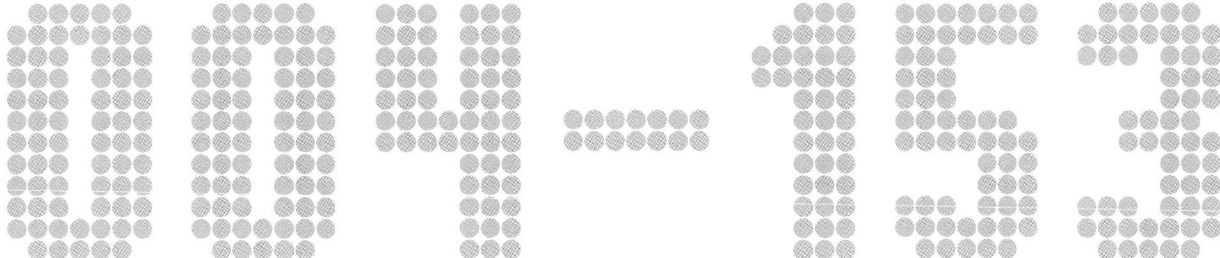
004-153

商业综合体
COMMERCIAL COMPLEX
2014 建筑+表现

1

2

3

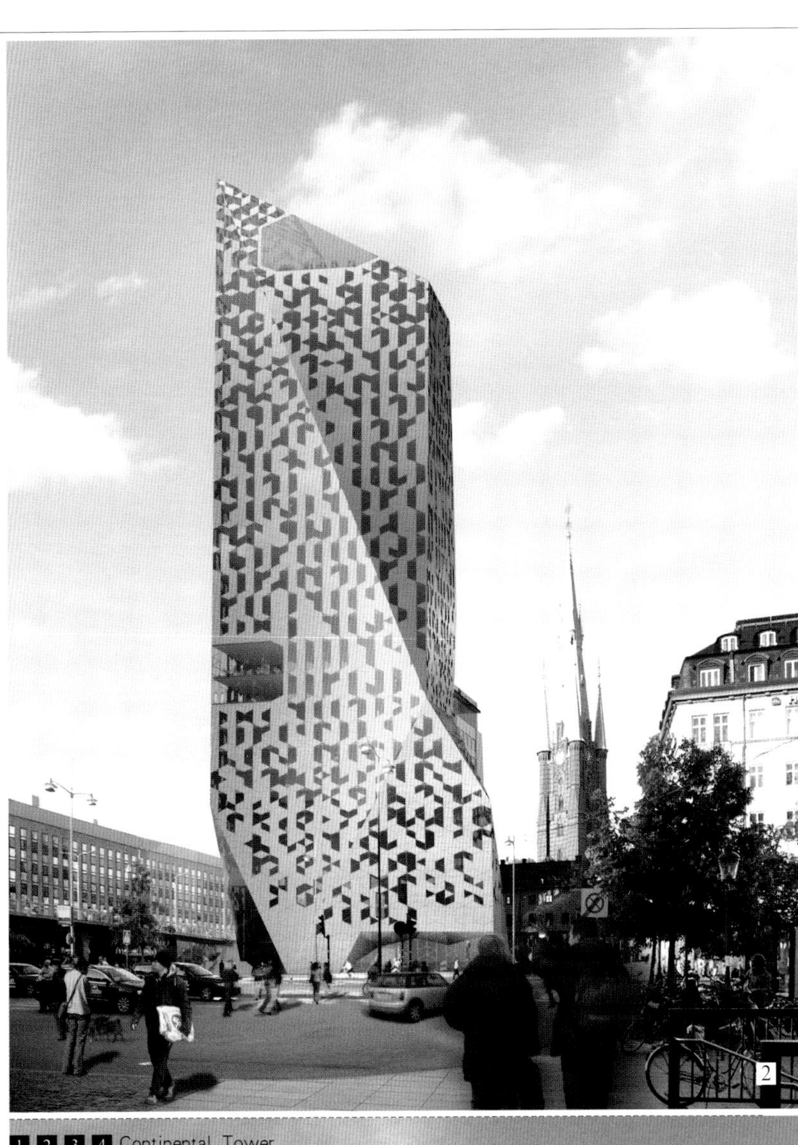

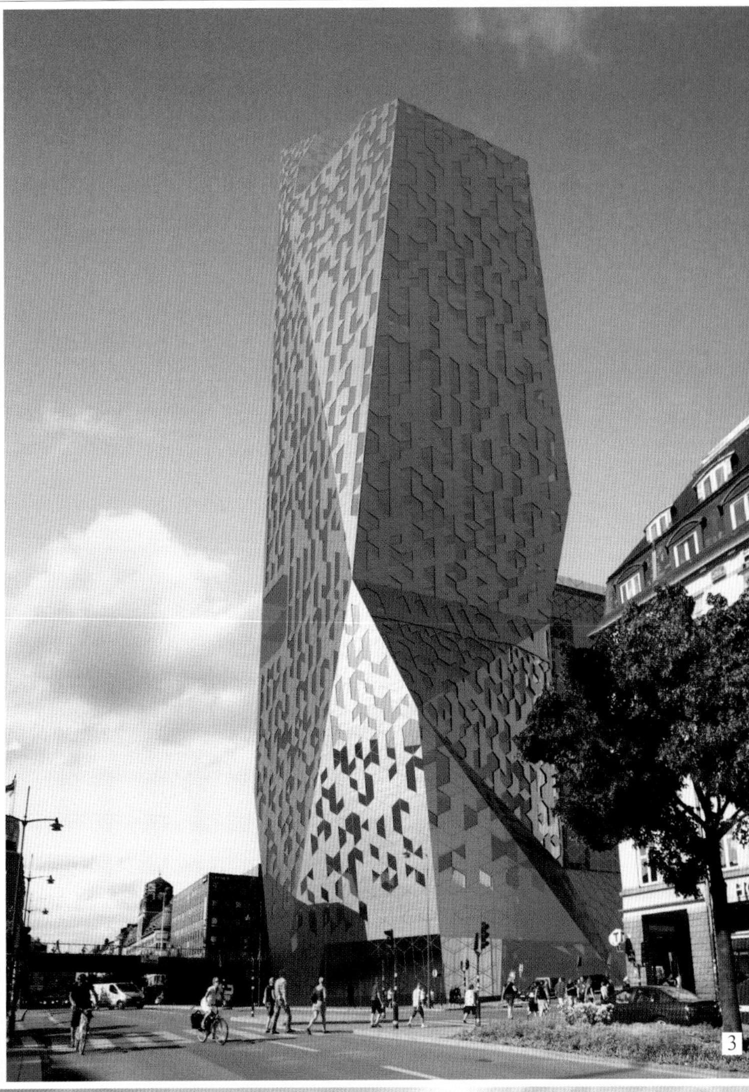

1 2 3 4 Continental Tower

设计：丹麦 C.F. MOLLERARCHITECTS

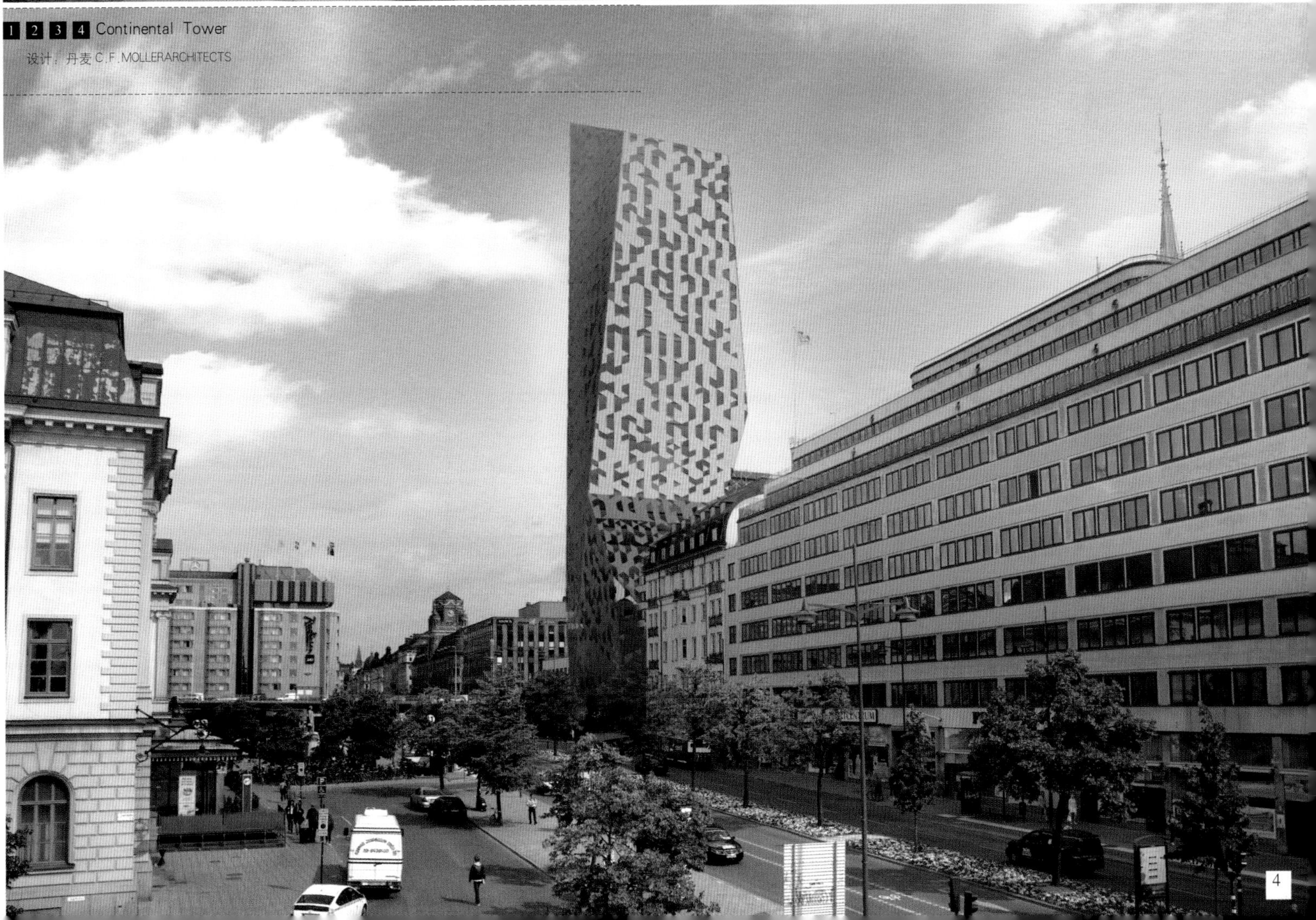

4

1
2
3

4

1 2 3 HOUSE OF THE NORTH ATLANTIC

设计：丹麦 CORNELIUS + V GE APS

4 釜山世界商业中心

设计：渐近线建筑工作室

1 2 HOLON FOR PUBLICATION

设计：美国 Archi-Tectonics

3 4 萨沃纳商业综合体

设计：5+1AA 工作室

1

2

3

4

1

2

3

4

1 2 3 4 ERASMUS STUDENT PAVILION—Paul de Ruiter

设计：保罗德瑞特

5 钱江金融城

设计：程泰宁

5

4

5

1 2 3 4 Centre for Promotion of Science in Belgrade

设计：奥地利 WolfgangTschapellerZTGmbH

5 海岛海岛中丝园

设计：悉地国际设计顾问（深圳）有限公司

1
2
3

1 2 3 4 5 Progetto Triangolo, Portadi Versailles
设计：Herzog&deMeuron

4

5

1

2

3

1 2 3 4 博川三期综合体

设计：私人

绘制：杭州景尚科技有限公司

4

Aqua City
OCEANS
Aqua City
1
2
3

1 2 3 4 镇江鹏欣水游城

设计：上海鼎实建筑设计有限公司
绘制：上海艺筑图文设计有限公司

4

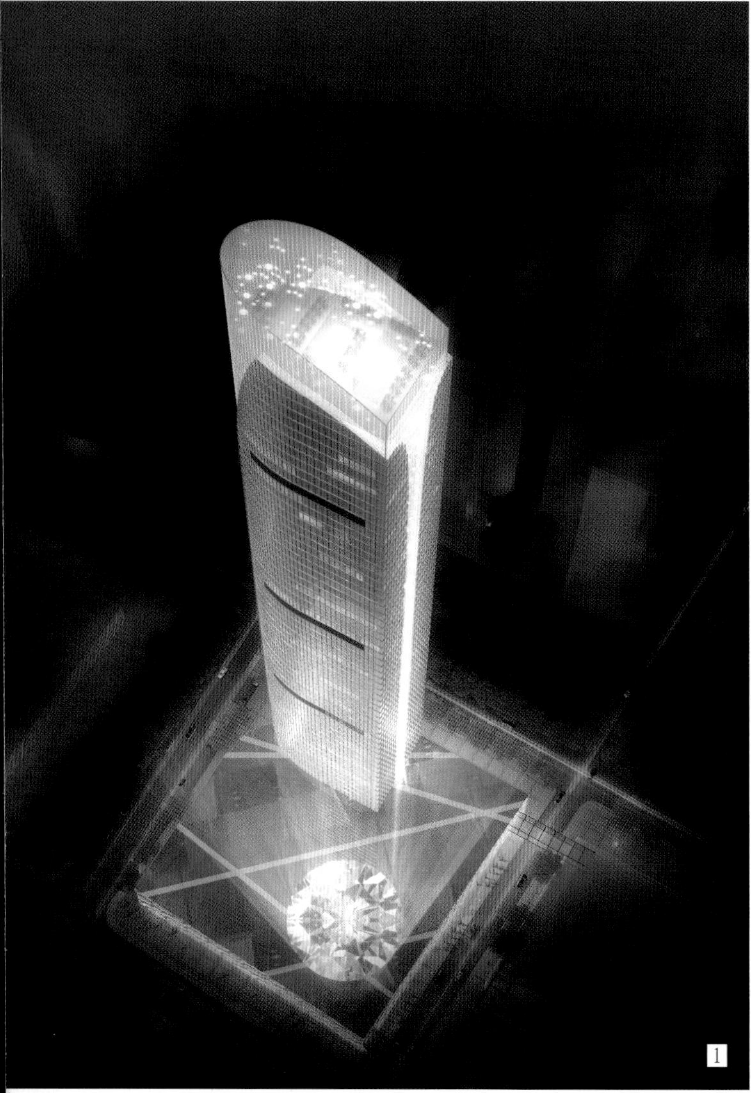

1

2

3

4

1 2 3 4 5 深圳前海珠宝基地

设计：深圳市建筑设计研究总院

绘制：深圳市普石环境艺术设计有限公司

5

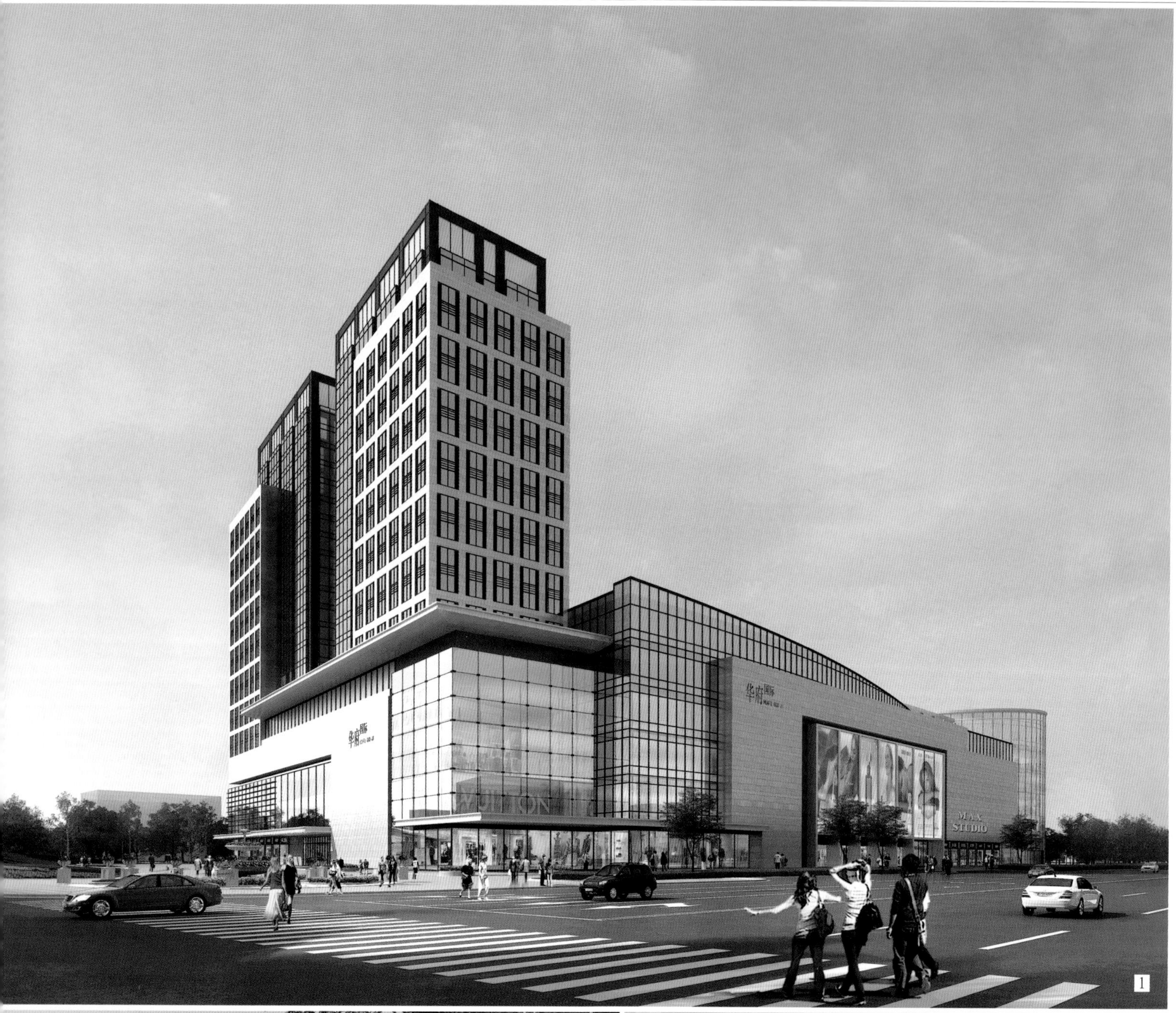

1

2

3

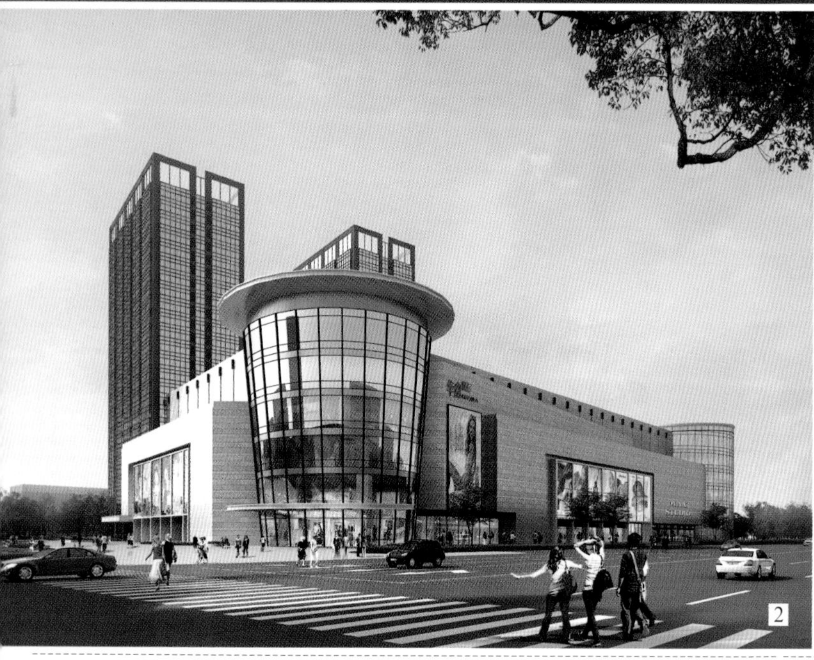

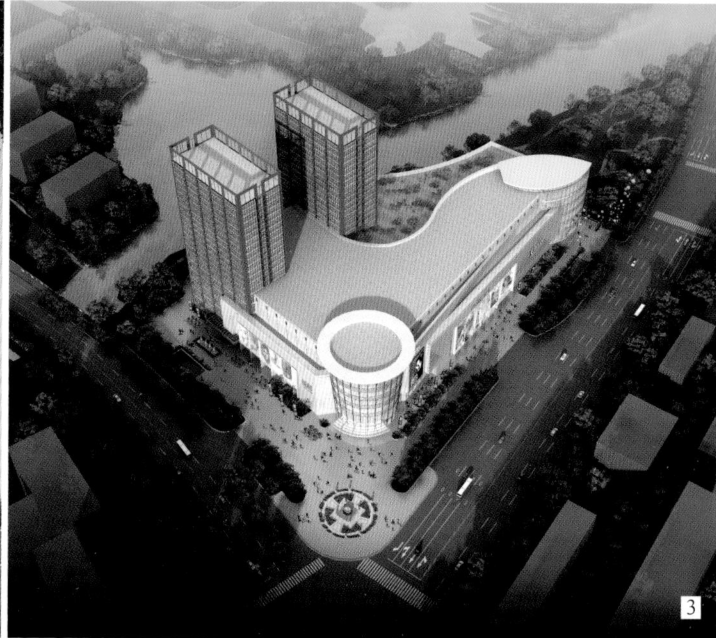

1 2 3 4 华府国际

设计：宏正建筑设计院
绘制：杭州景尚科技有限公司

5 青岛胶州渤海新世界

设计：中国机械工程设计研究院
绘制：北京百典数字科技有限公司

4

5

1

1 2 3 炫龙城综合体

设计：武汉凌云幕墙有限公司
绘制：武汉擎天建筑设计咨询有限公司

4 广州白云

设计：上海鼎实建筑设计有限公司
绘制：上海艺筑图文设计有限公司

2

3

4

1

3

1 2 滨江长河地块方案一

设计：道乐建筑
绘制：杭州弧引数字科技有限公司

4 某商业综合体

设计：鸿翔建筑
绘制：杭州弧引数字科技有限公司

3 韶关某商业

设计：中国机械工程设计研究院
绘制：北京百典数字科技有限公司

5 台州市绿心飞龙湖方案

设计：世纪千僖
绘制：杭州弧引数字科技有限公司

4

5

1

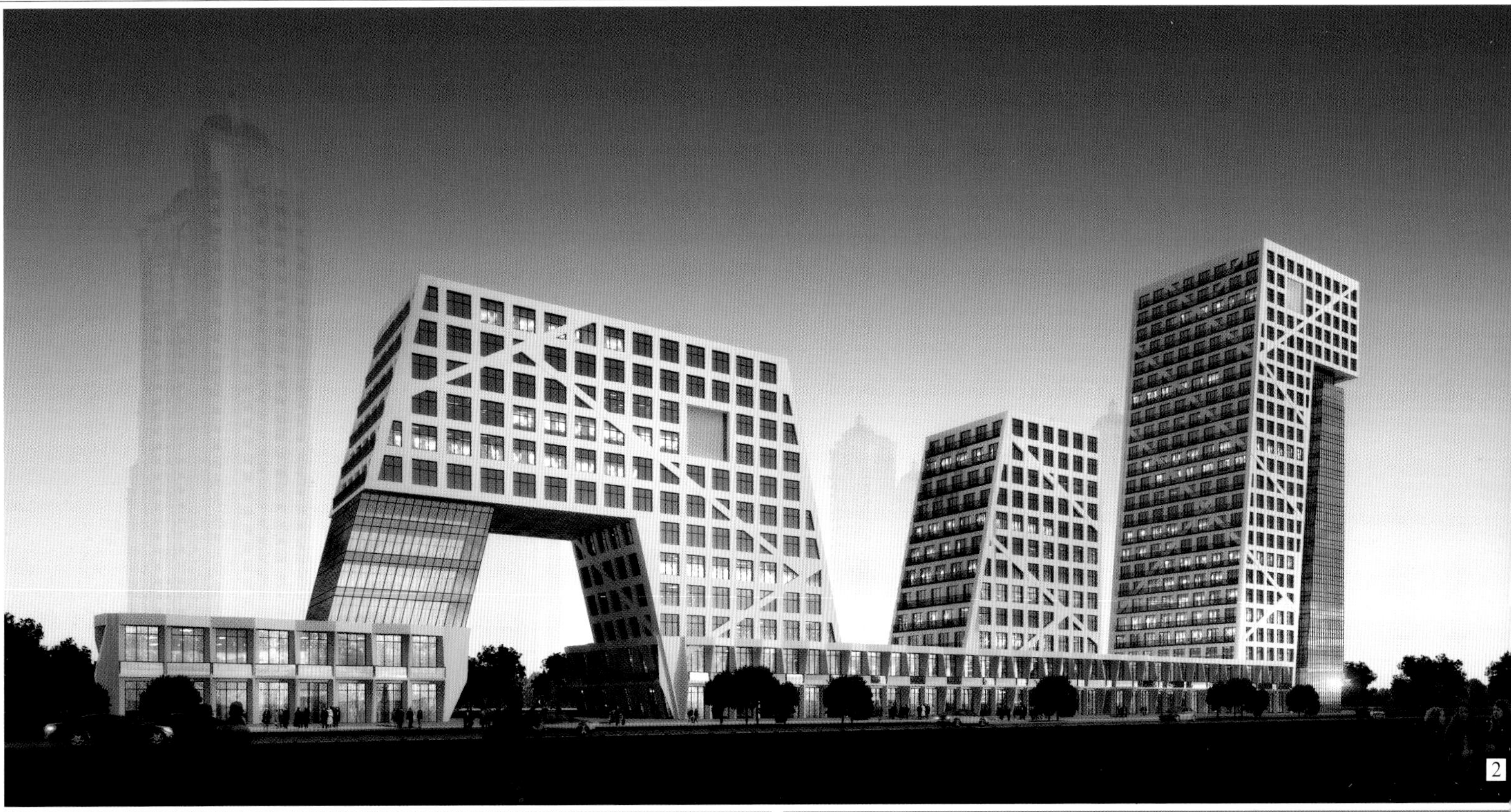

2

3

4

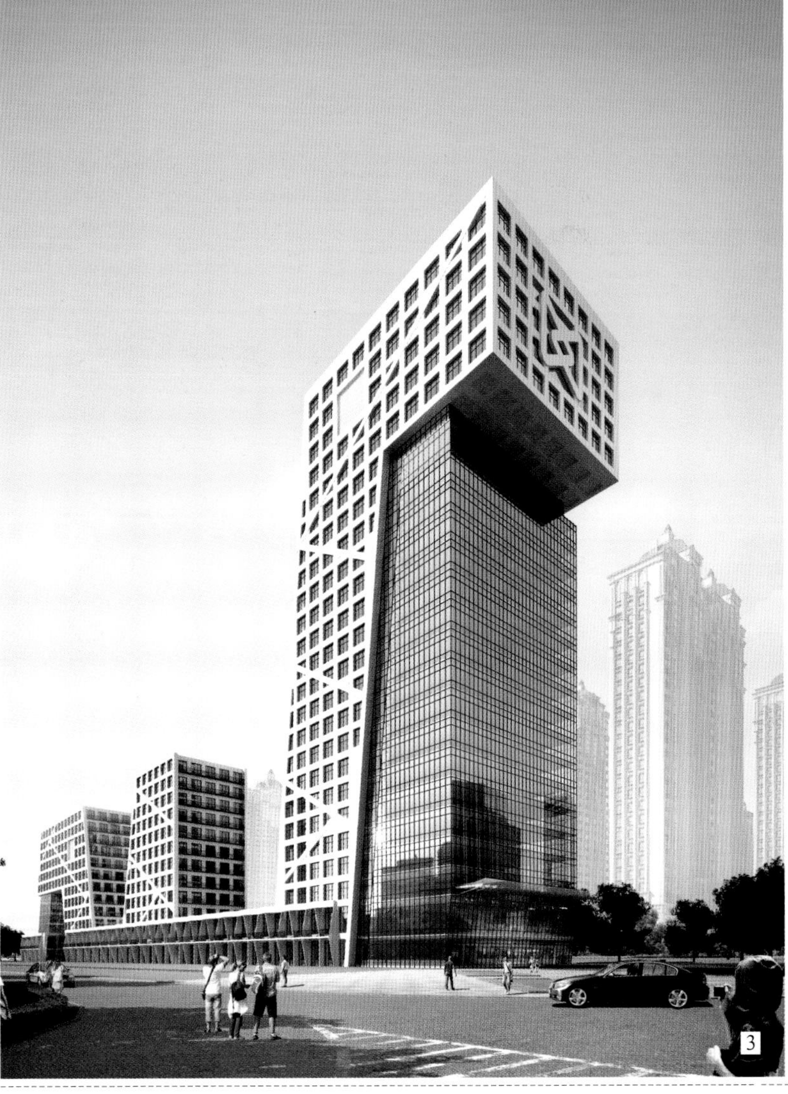

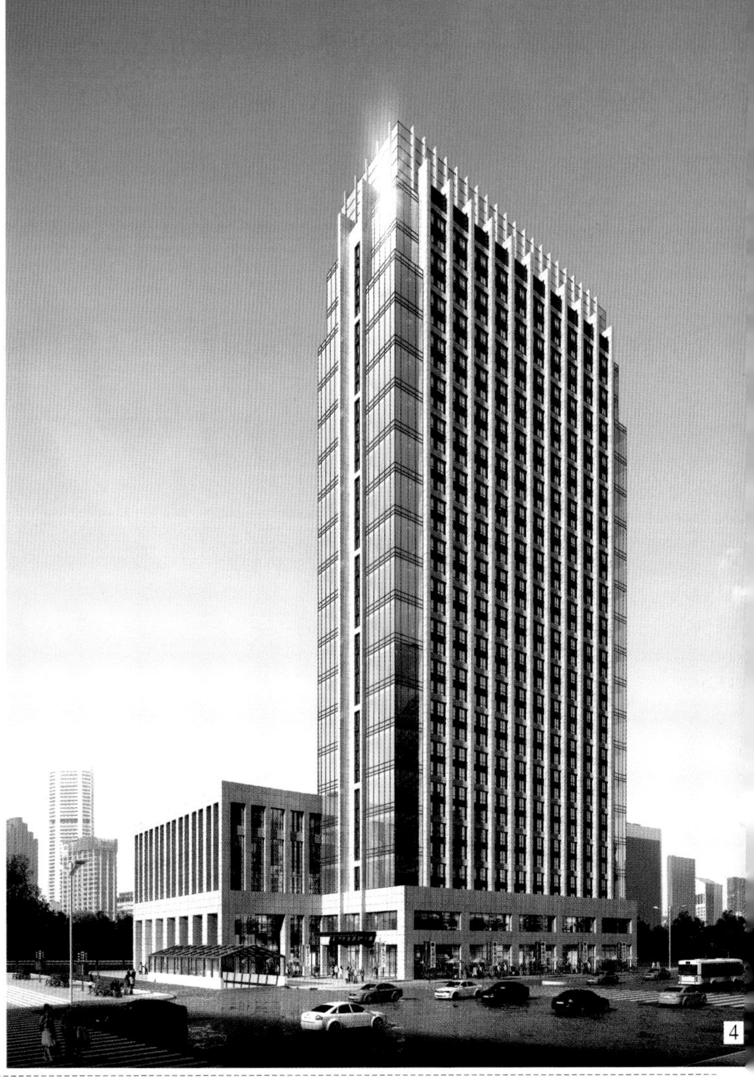

■1 大型商业区

设计：中国联合工程公司
绘制：杭州骏翔广告有限公司

■2 ■3 河北量子综合体

设计：新纪元
绘制：北京百典数字科技有限公司

■4 商业综合体

设计：开物建筑设计有限公司
绘制：武汉擎天建筑设计咨询有限公司

1 2 3 4 宁夏某项目

设计：厦门华炀工程设计＿杨谨
绘制：厦门众汇 ONE 数字科技有限公司

5 湖南波隆集团设计方案

设计：广洲景森长沙分公司
绘制：长沙市工凡建筑效果图

4

5

1

1 2 3 4 厦门轨道文灶站中标方案

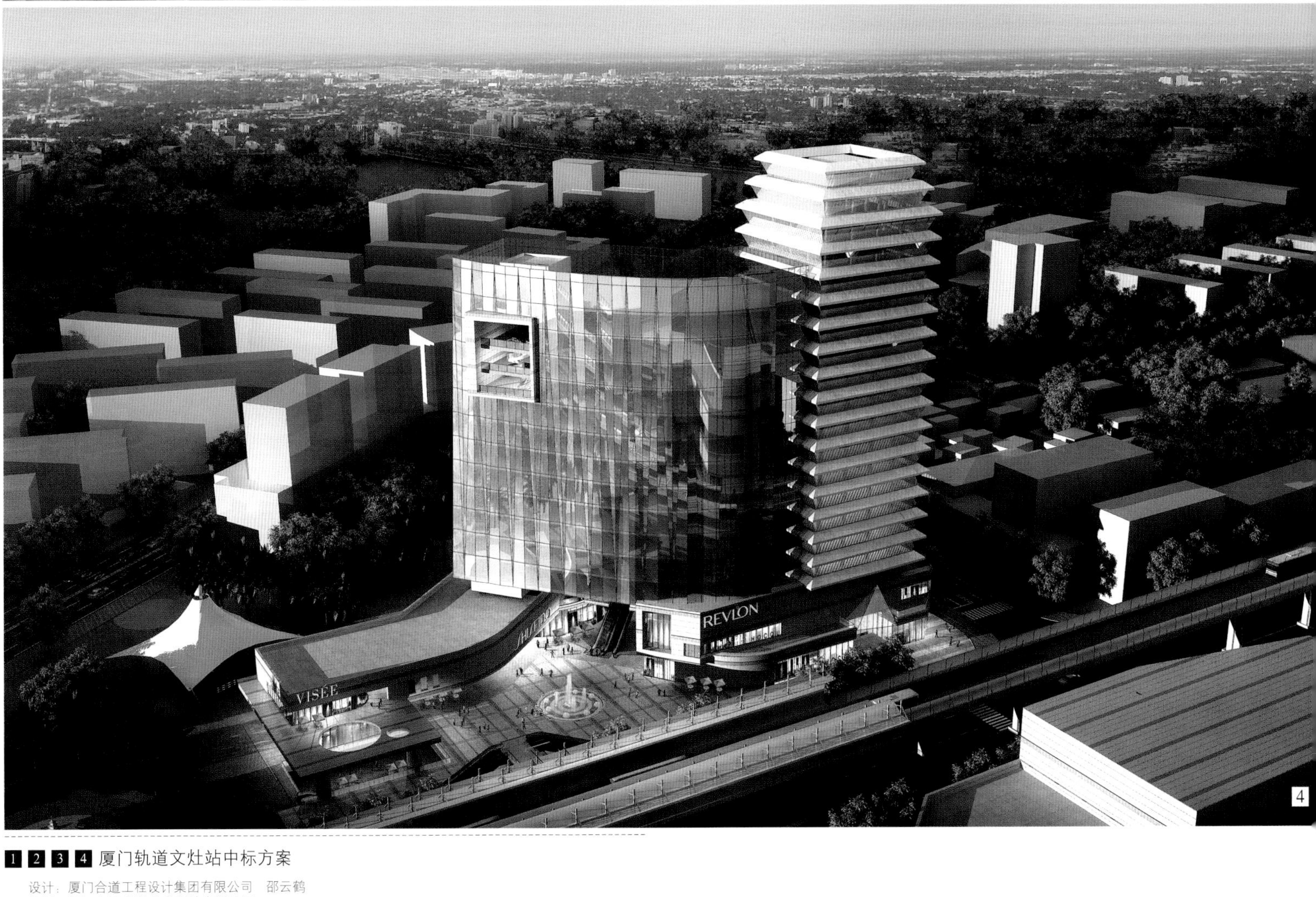

设计：厦门合道工程设计集团有限公司　邵云鹤
绘制：厦门众汇 ONE 数字科技有限公司

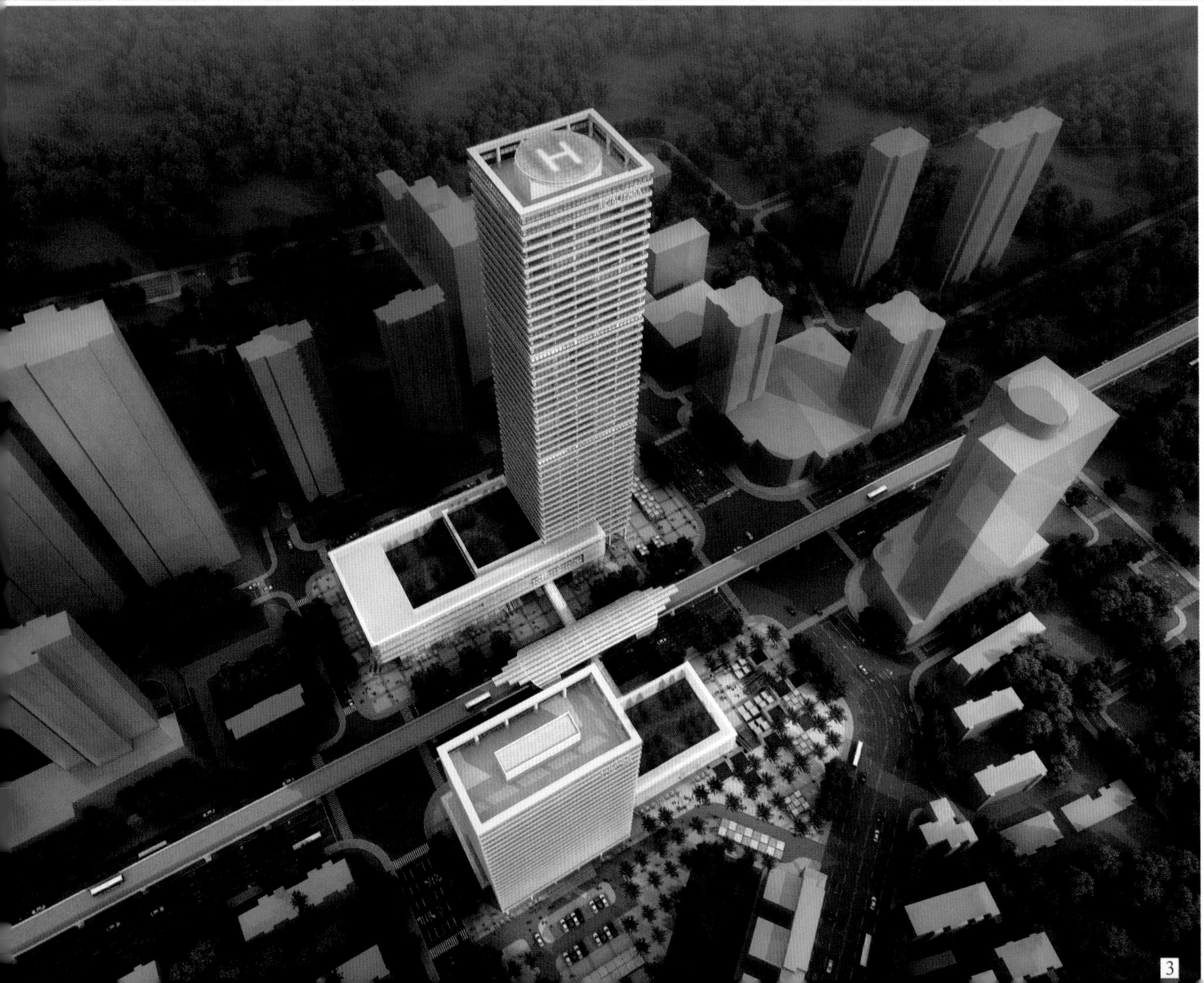

3

1 2 3 4 厦门轨道文灶站中标方案

设计：厦门合道工程设计集团有限公司　邵云鹤

绘制：厦门众汇 ONE 数字科技有限公司

4

1 2 3 联众国际大厦

设计：华昀（厦门）建筑设计　余锋
绘制：厦门众汇 ONE 数字科技有限公司

4 商业综合体

设计：武汉市轻工业建筑设计院
绘制：武汉擎天建筑设计咨询有限公司

2

3

4

1

2

1 2 3 4 厦门某商业

设计：华艺（厦门）设计顾问有限公司　罗欢明
绘制：厦门众汇 ONE 数字科技有限公司

3

4

Christian Dior
GUCCI
1

BOSS
Christian Dior
2

3

4

1 2 彬县综合楼方案

设计：上海华东（西安）分公司
绘制：西安鼎凡视觉工作室

3 昌南规划综合体

设计：省院研究所
绘制：南昌艺构图像

4 河池项目综合体

设计：深圳中航设计院
绘制：深圳市水木数码影像科技有限公司

1 怀化综合体

设计：重庆市建筑工程设计院有限责任公司
绘制：重庆天艺数字图像

2 洛阳市牡丹城改造

设计：河南智博建筑设计有限公司
绘制：洛阳张涵数码影像技术开发有限公司

3 湖南石人村

设计：程泰宁
绘制：上海艺筑图文设计有限公司

2

3

1

2

3

4

5

1 常德综合体

设计：中国建筑西南设计研究院有限公司
绘制：成都市浩瀚图像设计有限公司

2 **3** 漯河办公楼

设计：西安华宇建筑设计有限公司郑州公司
绘制：郑州 DECO 建筑影像设计公司

4 **5** 某地办公园区方案

设计：北京清水爱派建筑设计河南分公司
绘制：郑州 DECO 建筑影像设计公司

1

2

3

4

1 2 3 4 南阳地块方案

设计：刘工许工
绘制：郑州 DECO 建筑影像设计公司

1

2

3

4

5

1 园艺花城综合体

设计：武汉市轻工业建筑设计院
绘制：武汉擎天建筑设计咨询有限公司

2 长航综合体

设计：开物建筑设计有限公司
绘制：武汉擎天建筑设计咨询有限公司

3 **4** 新疆博乐市场

设计：浙江安地
绘制：杭州弧引数字科技有限公司

5 意邦时代广场

设计：浙江安地
绘制：杭州弧引数字科技有限公司

1

2

3

1 2 3 乌镇酒店

设计：鸿翔建筑
绘制：杭州弧引数字科技有限公司

4 成都某综合体

设计：上海一砼建筑规划设计有限公司
绘制：上海携客数字科技有限公司

5 洛阳市王城大道沿街商业

设计：河南智博建筑设计有限公司
绘制：洛阳张涵数码影像技术开发有限公司

6 洛阳市华中铝业项目

设计：洛阳有色金属加工设计研究院
绘制：洛阳张涵数码影像技术开发有限公司

1

2

3

1 鼎实 安阳西方案综合体

设计：上海鼎实建筑设计有限公司
绘制：上海艺筑图文设计有限公司

2 3 中南商业

设计：广州柏源建筑设计有限公司
绘制：深圳千尺数字图像设计有限公司

4 湖南湘潭规划综合体

设计：广州景森长沙分公司
绘制：长沙市工凡建筑效果图

4

1 2 洛阳市达码格利大型商业综合体

设计：机械工业第四设计研究院

绘制：洛阳张涵数码影像技术开发有限公司

4 某公建综合体

设计：炎黄设计院

绘制：丝路数码技术有限公司

1

2

3 钱江新城 cbd 某商业综合体

设计：浙江省建筑设计研究院

绘制：杭州骏翔广告有限公司

3

4

■1 钱江世纪超高层综合体

设计：浙江安地
绘制：杭州弧引数字科技有限公司

■2 成都城市综合体项目概念方案

设计：深圳通汇置业公司
绘制：成都上润图文设计制作有限公司

LOUIS VUITTON
SUAREZ
LANCOME
OMEGA
LOUIS VUITTON
TIFFANY & Co.
OMEGA
LANCOME
SUAREZ
TIFFANY & Co.
LOUIS VUITTON

2

1

2

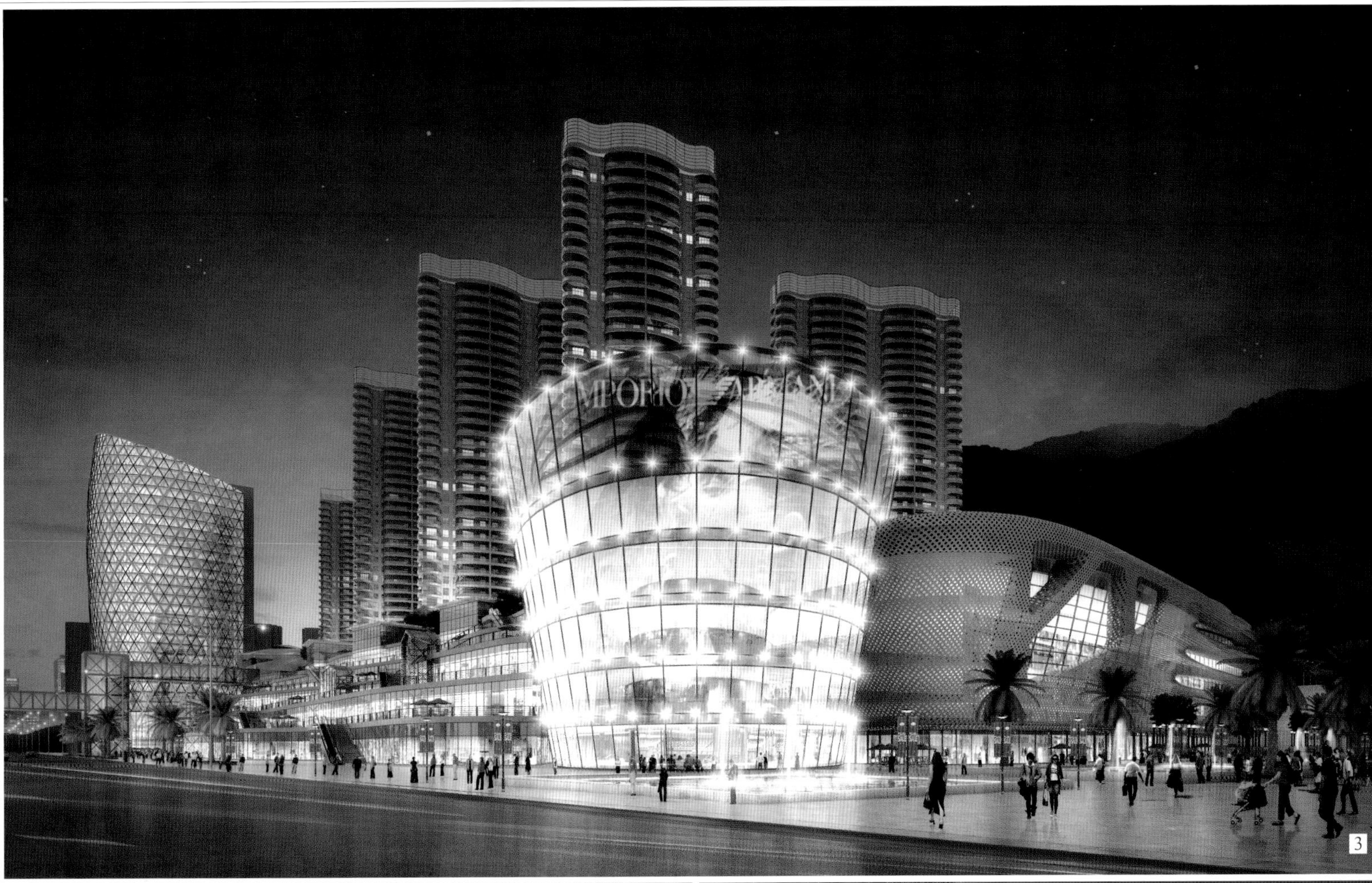

1 2 3 4 5 福安综合体项目方案 1

设计：卓创国际
绘制：上海赫智建筑设计有限公司

1 2 3 4 5 福安综合体项目方案 2

设计：卓创国际
绘制：上海赫智建筑设计有限公司

3

[LIVE]
LANCÔME
QUEEN

4

STARBUCKS
PASTA·PIZZA·CAPPUCCINO
WAITAN No.9

5

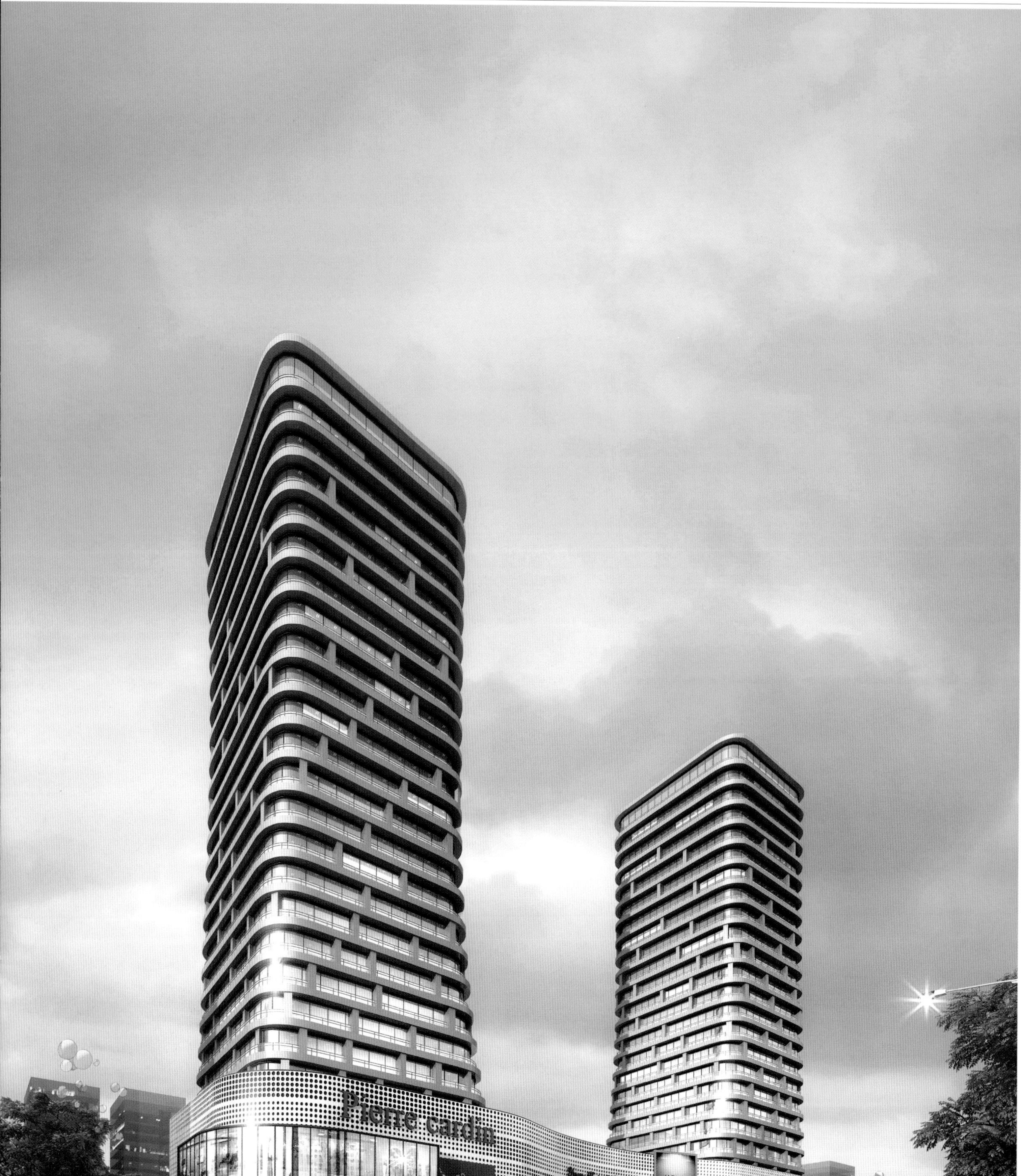

1

1 运城一尊皇牛大厦综合体

设计：山西省运城市博博建筑设计研究院

绘制：西安鼎凡视觉工作室

2 3 4 川沙百联综合体

设计　上海宏城国际

绘制　上海赫智建筑设计有限公司

1

2

JACOBS
CELINE
VERSACE
PRADA
JACOBS
LOUIS VUITTON
CHANEL
3

4

1 2 韩国天安百货商场

设计：北京住宅建筑设计院
绘制：深圳市原创力数码影像设计有限公司

3 某商业街综合体

设计：A—LEEST 建筑设计
绘制：光辉城市　陈禹

4 湖北给力幸福商业综合体

设计：湖北谷城规划设计院
绘制：武汉擎天建筑设计咨询有限公司

1

1 电魂大厦综合体

设计：浙江安地
绘制：杭州弧引数字科技有限公司

2 3 4 东西湖商业综合体

设计：上海华策建筑设计事务所有限公司
绘制：上海未落建筑设计咨询有限公司

2

3

4

1

2

3

1 2 房山绿地综合体

设计：上海鼎实建筑设计有限公司
绘制：上海艺筑图文设计有限公司

3 林州商业综合体

设计：北京龙安华诚 — 分院
绘制：北京百典数字科技有限公司

2

3

4

1 2 3 芜湖商业综合体

设计：深圳承构建筑咨询有限公司
绘制：深圳千尺数字图像设计有限公司

4 某综合体

设计：成都通程泛华建筑设计
绘制：成都上润图文设计制作有限公司

2

3

4

1 2 3 4 5 长沙．达美梅溪湖 C–19 地块综合体

设计：深圳市津屹建筑工程顾问有限公司
绘制：深圳长空永恒数字科技有限公司

5

1

2

3

■1 商业综合楼

设计：深圳市建筑设计研究总院有限公司
绘制：深圳市深白数码影像设计有限公司

■2 ■3 赛格襄阳综合体

设计：深圳中航设计院
绘制：深圳市水木数码影像科技有限公司

1

1 2 呼家楼大区

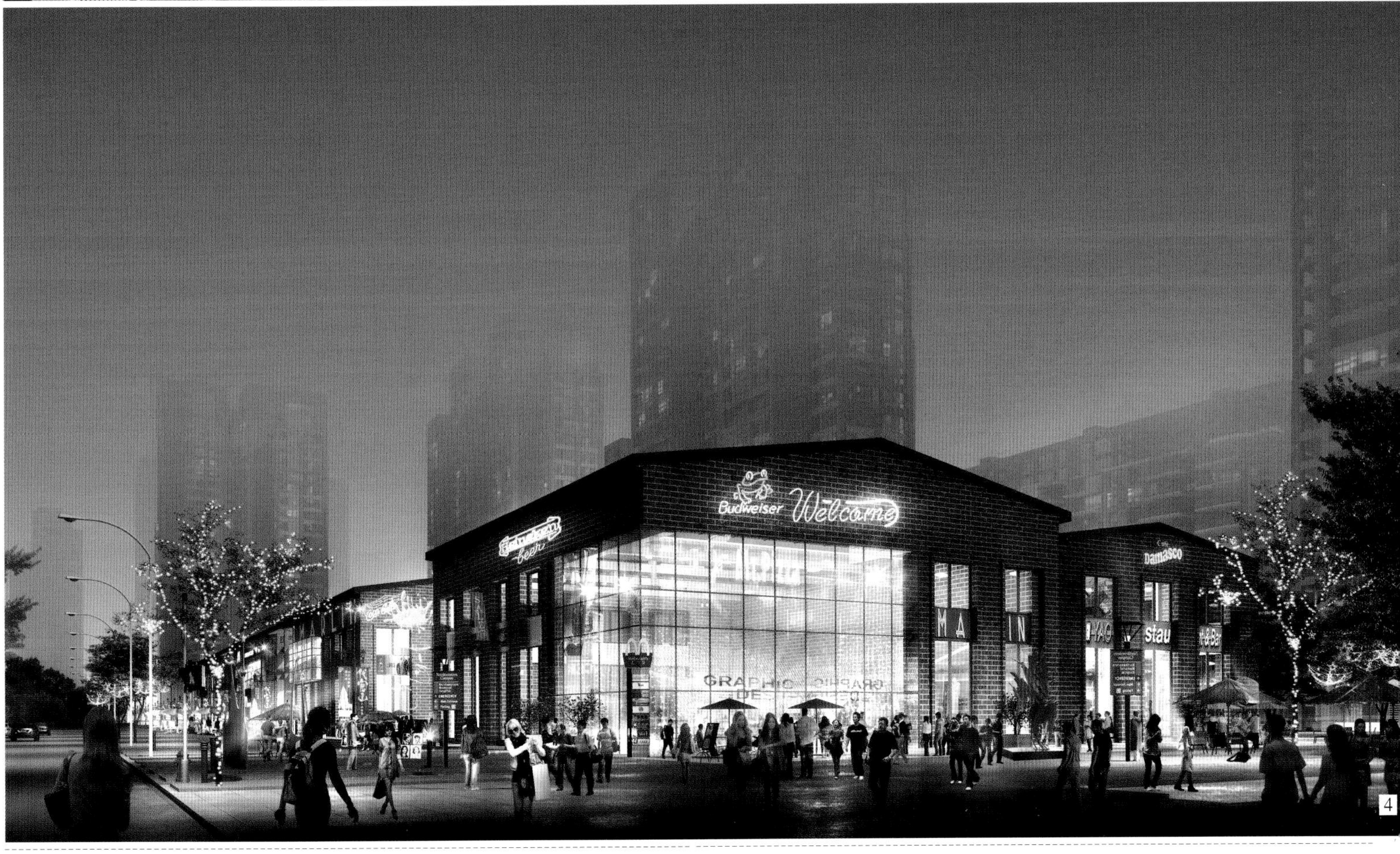

设计：北京市建筑设计研究院
绘制：北京图道数字科技有限公司

3 九棵树商业综合体

设计：某建筑设计单位
绘制：北京图道数字科技有限公司

4 太原锅炉厂改造综合体

设计：方略建筑设计有限责任公司
绘制：北京图道数字科技有限公司

1 贵州六盘水城市综合体

设计：北京筑博设计有限公司
绘制：成都上润图文设计制作有限公司

2 3 创艺·家福来广场

设计：四川绵阳创艺建筑设计有限公司
绘制：绵阳瀚影数码图像设计有限公司

4 北欧项目

设计：四川国鼎建筑设计
绘制：成都上润图文设计制作有限公司

2

3

4

1

1 2 3 衡阳香格里拉方案

设计：广洲景森长沙分公司
绘制：长沙市工凡建筑效果图

2

3

FRIENDS WALK
1
2
3

4

1 2 3 福永项目

设计：深圳市华品建筑设计有限公司
绘制：深圳市原创力数码影像设计有限公司

4 衙前村

设计：深圳建筑设计研究总院
绘制：深圳市水木数码影像科技有限公司

5 青岛综合体

设计：方略建筑设计有限责任公司
绘制：北京图道数字科技有限公司

5

1

BELLAGIO
GUESS
A&D
LANVIN
华强广场
LUCKY PLAZA

2

acer
lenovo
DELL
DKNY
Theme

3

1 2 3 4 华强广场

设计：香港澳华雅筑建筑设计公司

绘制：深圳市原创力数码影像设计有限公司

5 6 国际艺术大厦透视

设计：深圳某设计师

绘制：天海图文设计

4

5

6

1

1 汉金堂综合体

设计：武汉市轻工业建筑设计院

绘制：武汉擎天建筑设计咨询有限公司

2 3 4 绵阳商业综合体

设计：北京轩辕景观规划设计有限公司

绘制：北京图道数字科技有限公司

2

3

4

1 2 3 凯信项目

设计：深圳市同济人建筑设计有限公司
绘制：深圳市原创力数码影像设计有限公司

4 深圳华强前海总部

设计：OUR（HK）设计事务所
绘制：深圳长空永恒数字科技有限公司

4

1

2

3

1 2 3 莱芜美凯龙

设计：上海华策建筑设计事务所有限公司
绘制：上海未落建筑设计咨询有限公司

4 万和商业中心

设计：深圳市华品建筑设计有限公司
绘制：深圳市原创力数码影像设计有限公司

2

3

1 虹口区某共建

设计：上海弘城国际建筑设计有限公司
绘制：上海携客数字科技有限公司

2 天津华强城市广场

设计：OUR（HK）设计事务所
绘制：深圳长空永恒数字科技有限公司

3 4 古玩城

设计：深圳市同济人建筑设计有限公司
绘制：深圳市原创力数码影像设计有限公司

5 山西某项目

设计：北京易兰建筑规划设计有限公司
绘制：北京图道数字科技有限公司

4

5

1

2

■1 ■2 ■3 ■4 ■5 石家庄商业综合体

设计：北京荣盛景程建筑设计有限公司
绘制：北京图道数字科技有限公司

3

4

5

1

2

3

1 2 廊坊华日商业

设计：北京荣盛景程建筑设计有限公司
绘制：北京图道数字科技有限公司

3 海门龙信国际广场

设计：上海哥伦布建筑设计有限公司
绘制：上海未落建筑设计咨询有限公司

1

2

1 2 郑工 华夏未来3期

设计：重庆设计院深圳一分院
绘制：深圳市水木数码影像科技有限公司

3 凤阳拿地项目

设计：北京通程泛华合肥一分院
绘制：唐人建筑设计效果图

4 东阳好乐多

设计：浙江安地
绘制：杭州弧引数字科技有限公司

3

4

1

2

3

4

5

1 2 3 恒昌综合体

设计：深圳市华品建筑设计有限公司
绘制：深圳市原创力数码影像设计有限公司

4 5 杭州运河汇

设计：美国双栖弧建筑设计事务所
绘制：上海赫智建筑设计有限公司

1

3

1 2 3 4 香花桥街道盈顺路东侧地块

设计：筑博设计股份有限公司
绘制：上海未落建筑设计咨询有限公司

1

2

1 2 3 山东胶州拿地方案

设计：上海哥伦布建筑设计有限公司
绘制：上海未落建筑设计咨询有限公司

4 5 武汉融众金融中心

设计：OUR（HK）设计事务所
绘制：上海未落建筑设计咨询有限公司

3

4

5

4

1 青岛投标综合体

设计：北京合众联盛建筑设计有限公司
绘制：北京图道数字科技有限公司

2 3 崇州金舆名综合体

设计：范晓东 郝江川
绘制：成都市浩瀚图像设计有限公司

4 5 查普门泰勒（银泰项目）综合体

设计：Chapman Taylor
绘制：上海携客数字科技有限公司

5

1 山东聊城星光

设计：上海华策建筑设计事务所有限公司
绘制：上海未落建筑设计咨询有限公司

2 成都盐市口商业中心

设计：美国思纳史密斯设计
绘制：成都上润图文设计制作有限公司

3 中山古玩城

设计：深圳市同济人建筑设计有限公司
绘制：深圳市原创力数码影像设计有限公司

4 5 怀化河西物流城

设计：怀化建筑设计研究院

4

5

设计：深圳市同济人建筑设计有限公司
绘制：深圳市原创力数码影像设计有限公司

4 中信红树湾综合体

设计：运城市建筑设计院
绘制：银河世纪图像

5

设计：北京中翰国际
绘制：银河世纪图像

1

2

3

4

1 2 韶关齿轮厂综合体

设计：深圳建筑设计研究总院

3 4 青岛投标

设计：北京合众联盛建筑设计有限公司
绘制：北京图道数字科技有限公司

1

2

3

4

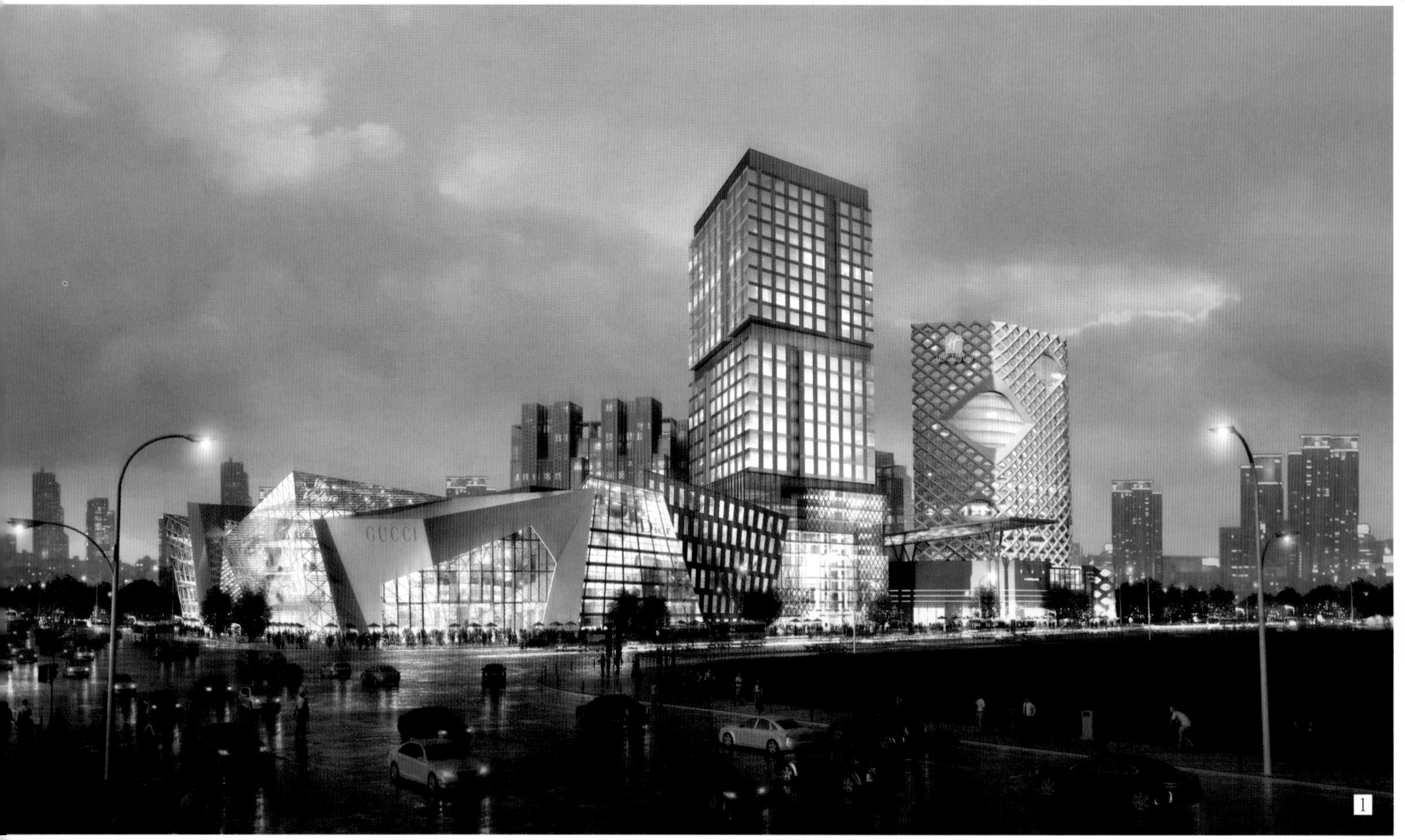

1 2 扬州商业综合体

设计：北京荣盛景程建筑设计有限公司
绘制：北京图道数字科技有限公司

3 4 徐州商业综合体

设计：北京荣盛景程建筑设计有限公司
绘制：北京图道数字科技有限公司

5 南充商业地产项目

设计：美国思纳史密斯设计
绘制：成都上润图文设计制作公司

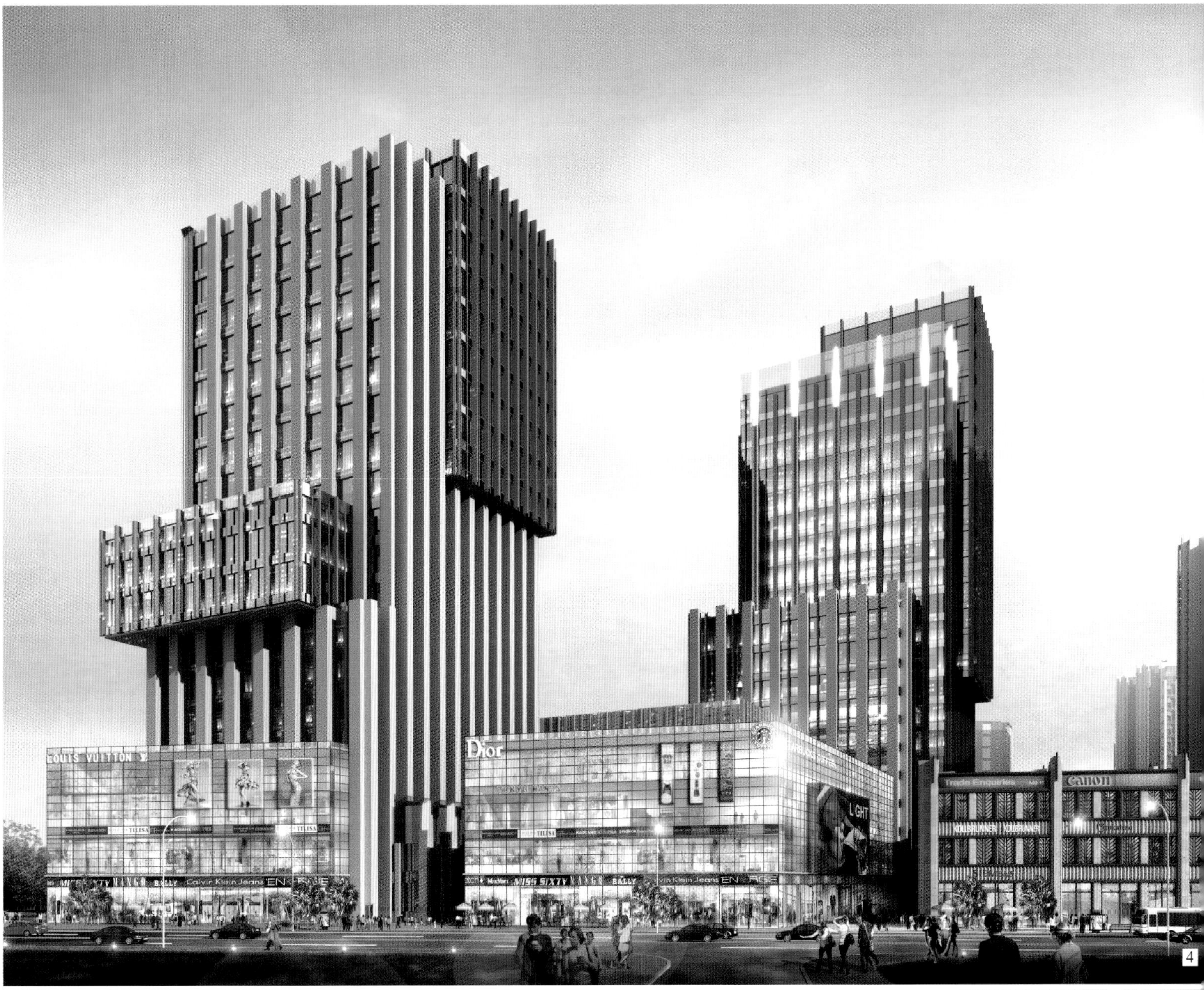

4

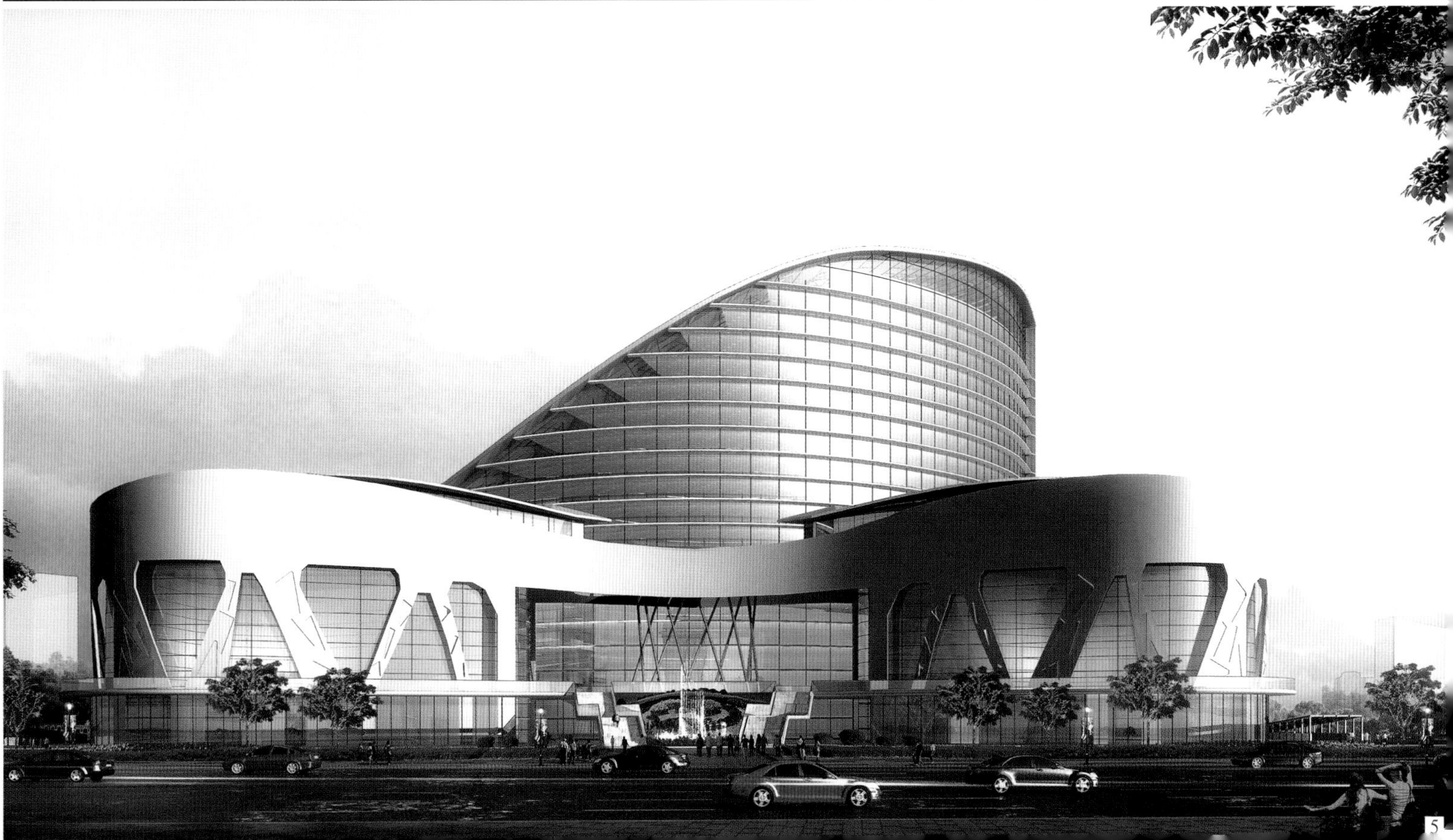

5

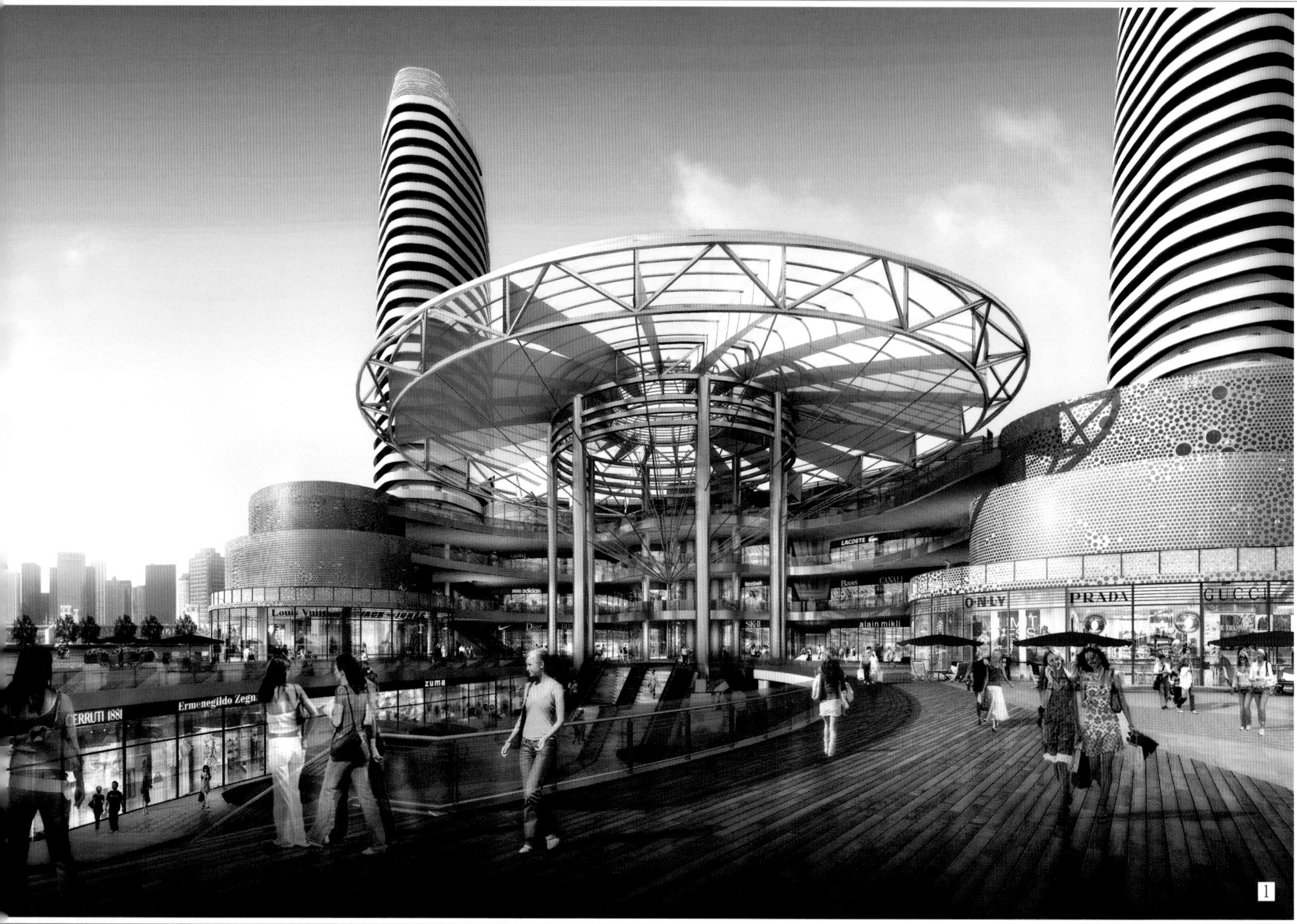
LACOSTE
ONLY
PRADA
GUCCI
CERRUTI 1881
Ermenegildo Zegna
zuma
alain mikli

1

Dior

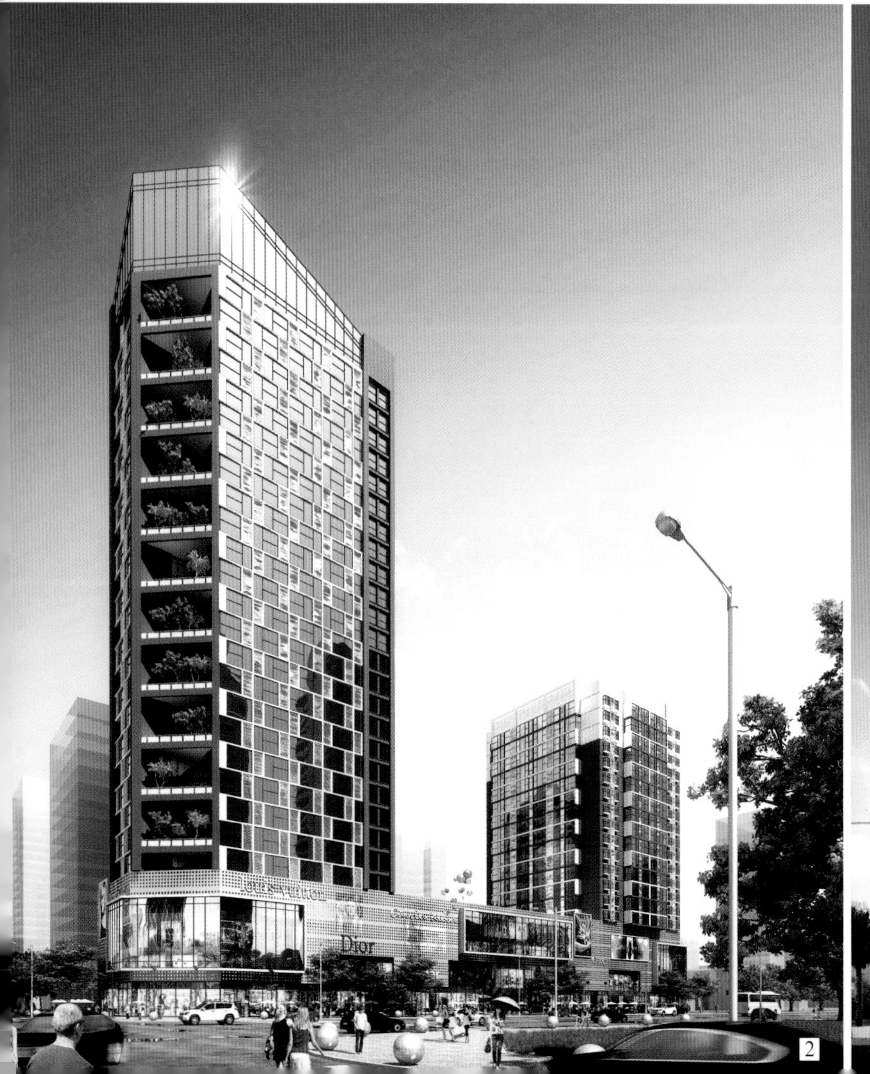

2

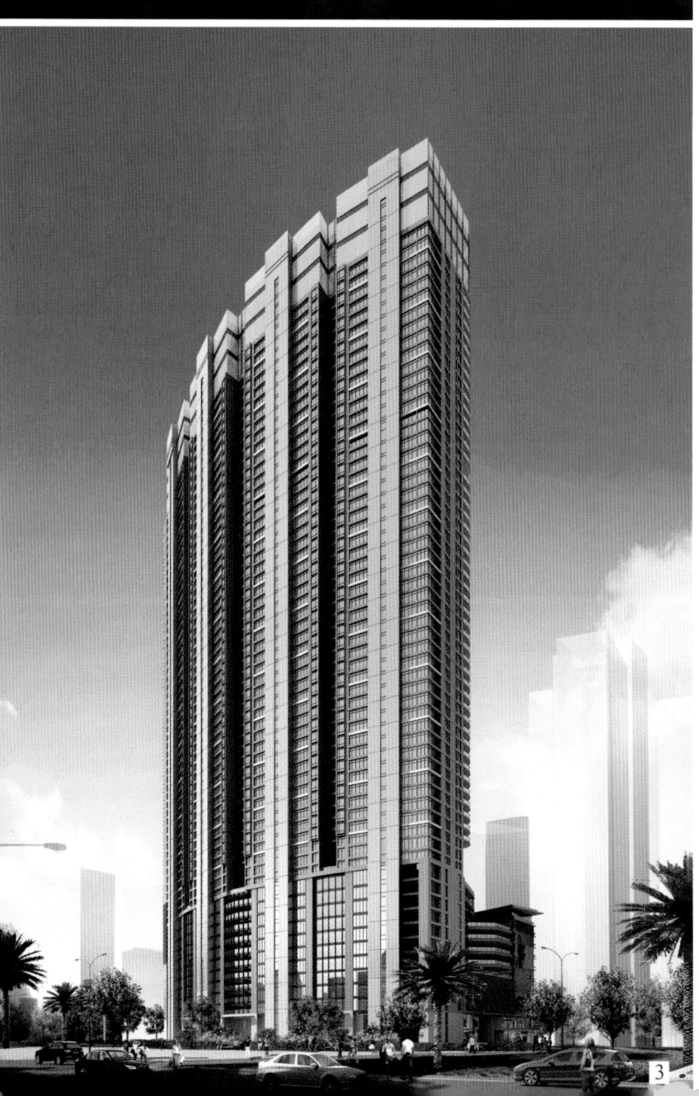

3

1 威海某商业

设计：某建筑设计单位
绘制：北京图道数字科技有限公司

2 商洛某大厦方案

设计：上海华东（西安）分公司
绘制：西安鼎凡视觉工作室

3 深圳市鹏广达 商业广场

设计：OUR（HK）设计事务所

4 **5** 漯河办公楼

设计：西安华宇建筑设计有限公司郑州公司
绘制：郑州 DECO 建筑影像设计公司

1

2

3

1 临沂 C 地块

设计：北京荣盛景程建筑设计有限公司
绘制：北京图道数字科技有限公司

2 **3** 中南商业

设计：广州柏源建筑设计有限公司
绘制：深圳千尺数字图像设计有限公司

4 南京商业

设计：北京荣盛景程建筑设计有限公司
绘制：北京图道数字科技有限公司

5 **6** 总院 1801－龙岗项目

设计：深圳建筑设计研究总院

1

2

1 湛江某商业

设计：浙大院
绘制：杭州骏翔广告有限公司

2 大邑城市综合体项目

设计：同瑞投资
绘制：成都上润图文设计制作有限公司

3 温州仙居

设计：北京易兰建筑规划设计有限公司
绘制：北京图道数字科技有限公司

4 某商业

设计：某建筑设计单位
绘制：北京图道数字科技有限公司

3

4

1 2 人南城市综合体项目

设计：四川国恒建筑设计
绘制：成都上润图文设计制作有限公司

4 林州商业

设计：北京龙安华诚——分院
绘制：北京百典数字科技有限公司

3 罗城新区规划

设计：北京龙安华诚——分院
绘制：北京百典数字科技有限公司

4

1

2

3

4

1 信宏大厦

设计：河源岭南建筑设计院
绘制：深圳市原创力数码影像设计有限公司

2 洛阳市联盟路沿街商业

设计：机械工业第四设计研究院
绘制：洛阳张涵数码影像技术开发有限公司

3 某商业塔楼

设计：A-LEEST 建筑设计
绘制：光辉城市　陈禹

4 绿地长沙

设计：程泰宁
绘制：上海艺筑图文设计有限公司

1

2

3

1 2 3 4 南沙综合体

设计：刘艺 李建明

绘制：蓝宇光影图文设计工作室

4

1

1 2 兴光华公服

设计：周雪峰
绘制：蓝宇光影图文设计工作室

3 4 重庆五一路

设计：张帆
绘制：蓝宇光影图文设计工作室

2

3

4

1 2 3 4 金桥湾城市商业综合体

设计：深圳筑之源
绘制：深圳筑之源

4

1 2 3 4 恒裕惠州商业综合体

设计：深圳筑之源
绘制：深圳筑之源

2

3

4

1 2 3 4 5 6 克罗地亚城市商业综合体

设计：深圳筑之源
绘制：深圳筑之源

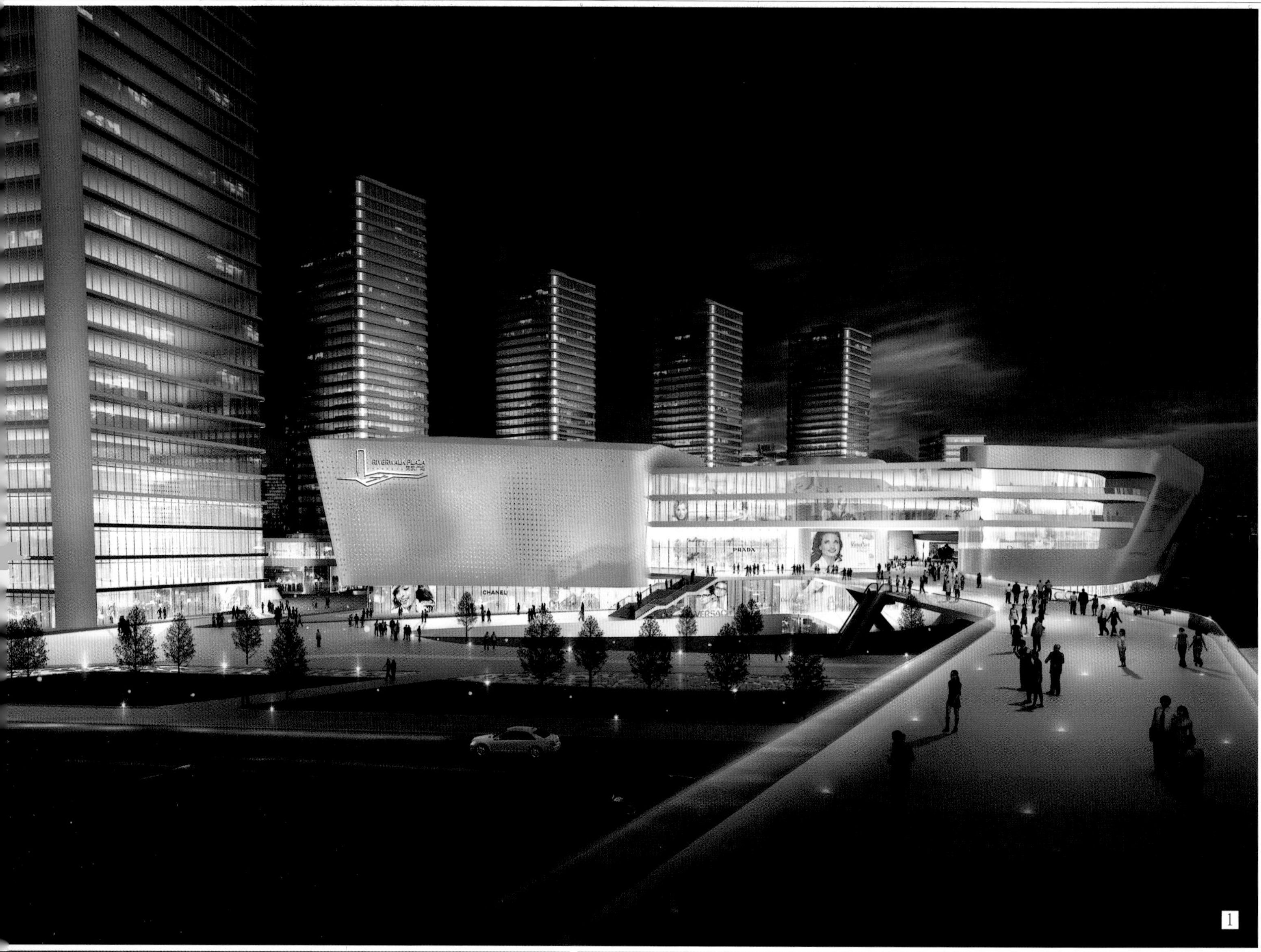

1

2

3

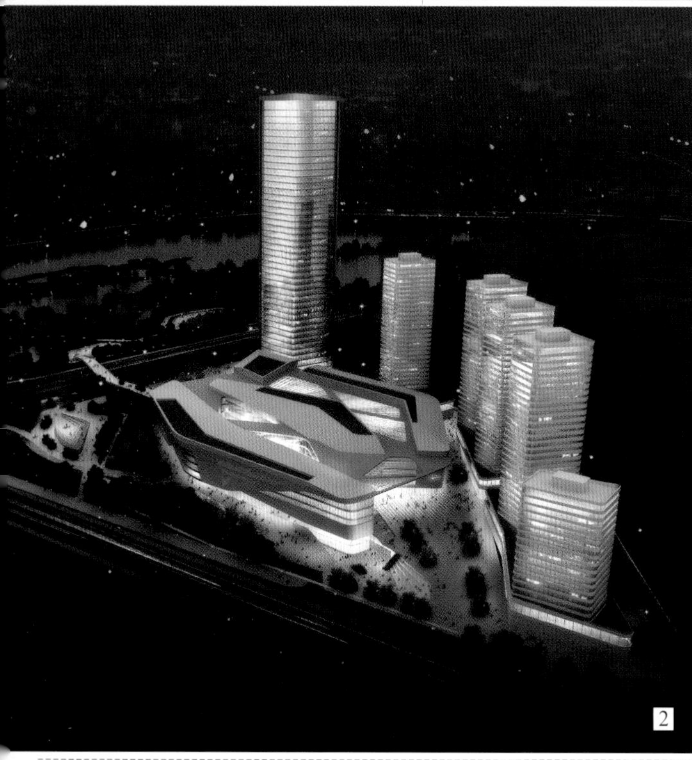

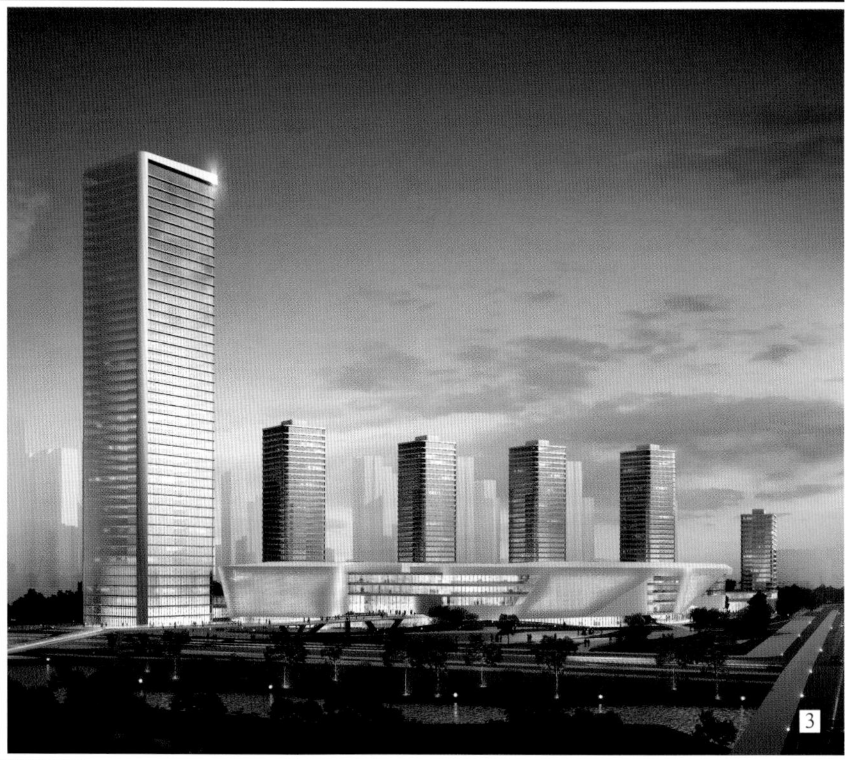

1 2 3 4 5 6 兰州银滩大桥地块城市商业综合体第二轮

设计：深圳筑之源
绘制：深圳筑之源

Chloe
CHANEL
Dior

4

Chloe
Dior
Kanebo
ZITURA
DALIMIX
DALIMIX
GEORG JENSEN

5

SEIKO
Dior

6

1 2 3

1 2 3 4 5 梁家河城市商业综合体

设计：深圳筑之源
绘制：深圳筑之源

4

5

1

2

1 2 3 4 5 6 留仙城市商业综合体

设计：深圳筑之源
绘制：深圳筑之源

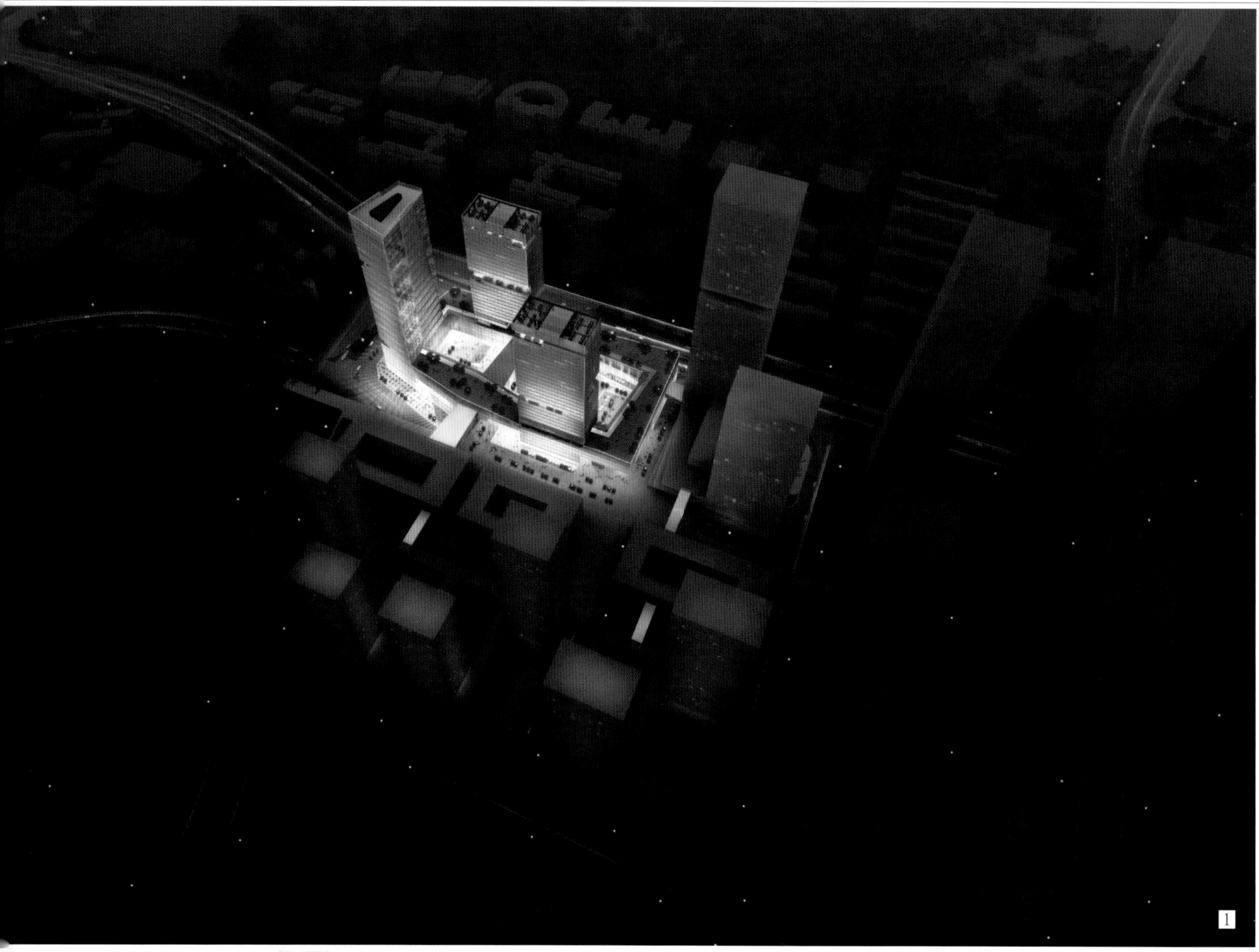

1 2 3 留仙城市商业综合体

设计：深圳筑之源
绘制：深圳筑之源

4 5 杭州新天地商业综合体

设计：深圳筑之源
绘制：深圳筑之源

4

5

1

2

3

1 2 3 4 留仙洞商业建筑

设计：深圳筑之源
绘制：深圳筑之源

4

4

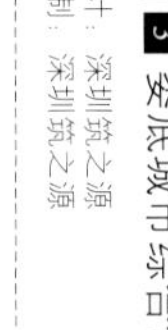

1 2 3 娄底城市综合体
设计：深圳筑之源
绘制：深圳筑之源

4 5 南京商业综合体
设计：深圳筑之源
绘制：深圳筑之源

5

1

2

1 2 3 4 5 梅州商业综合体

设计：深圳筑之源

绘制：深圳筑之源

3

4

5

1

2

1 2 3 4 5 天下商业综合体

设计：深圳筑之源
绘制：深圳筑之源

3

4

5

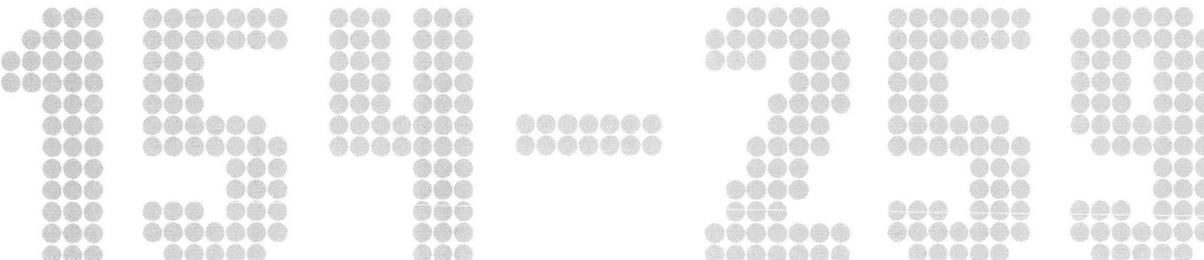
154-259

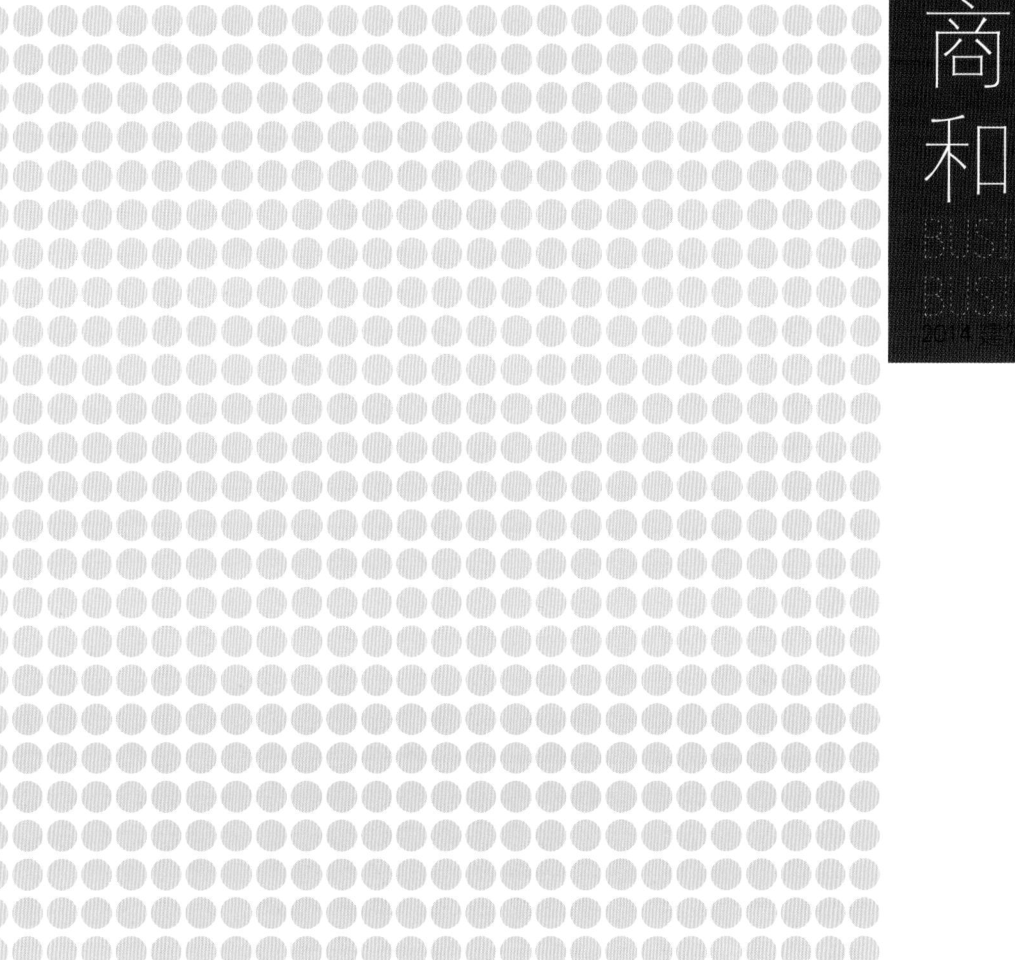

商业中心
和商业区
BUSINESS CENTER AND
BUSINESS AREA
2014 建筑 + 表皮

1 2 3 Central Pasila Tower Area

设计：福斯特事务所

2

3

1

2

1 2 3 4 Crystal Clear Towers Oslo

设计：丹麦 C.F.MOLLER ARCHITECTS/KRSCVI04

3

4

1 2 3 4 Harbour Stones，Gothenburg

设计：丹麦C．F．MOLLER ARCHITECTS

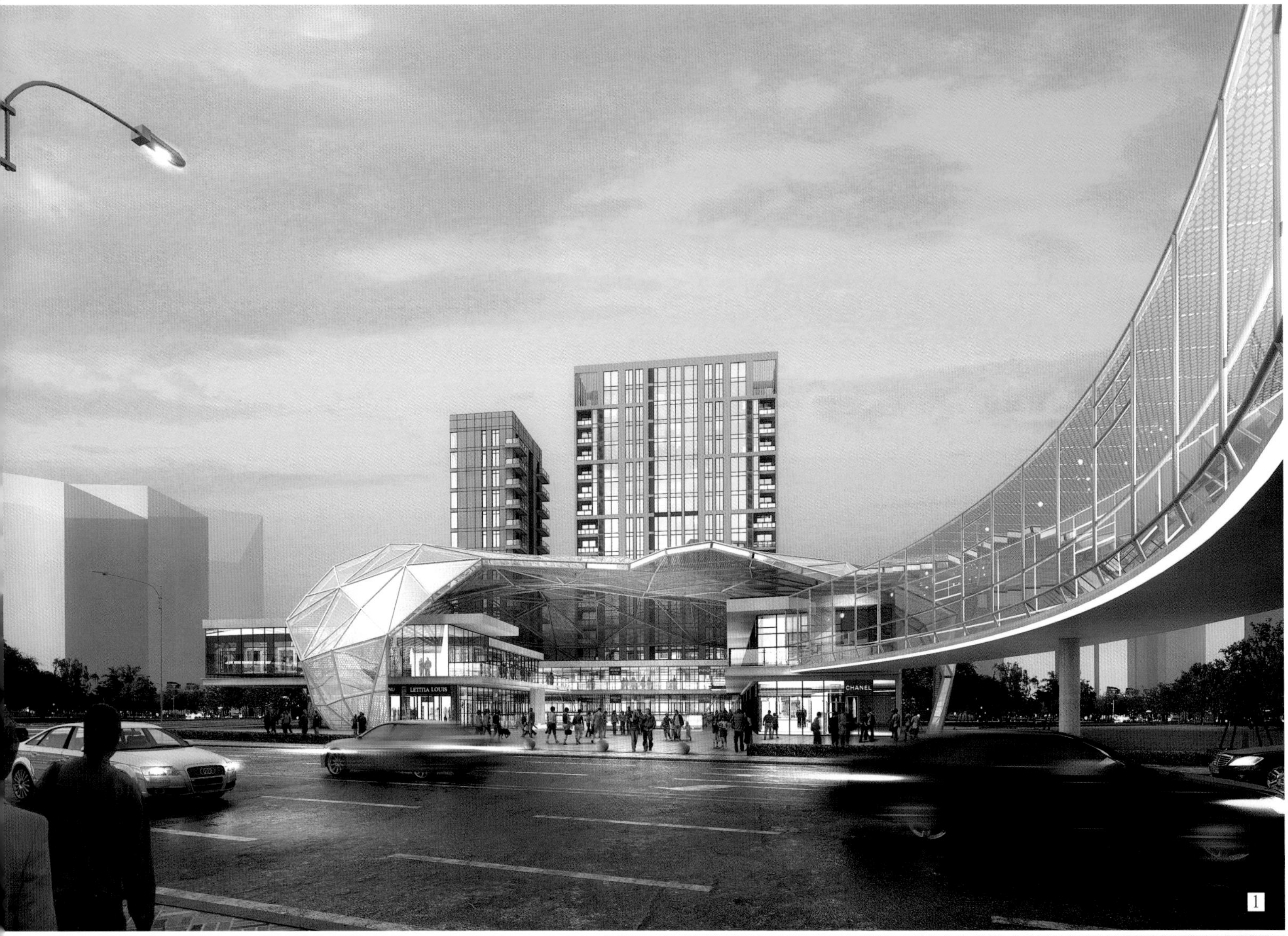

1

2

3

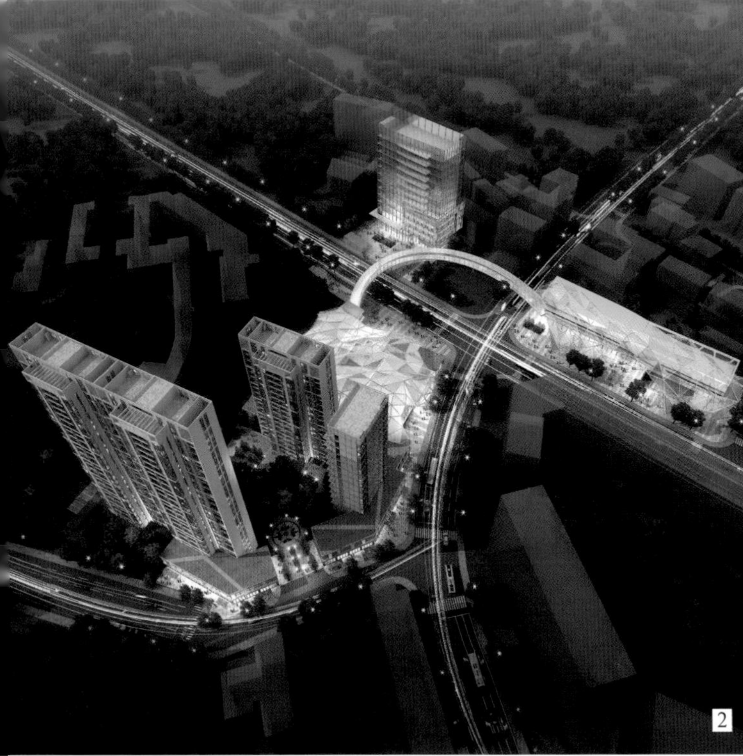

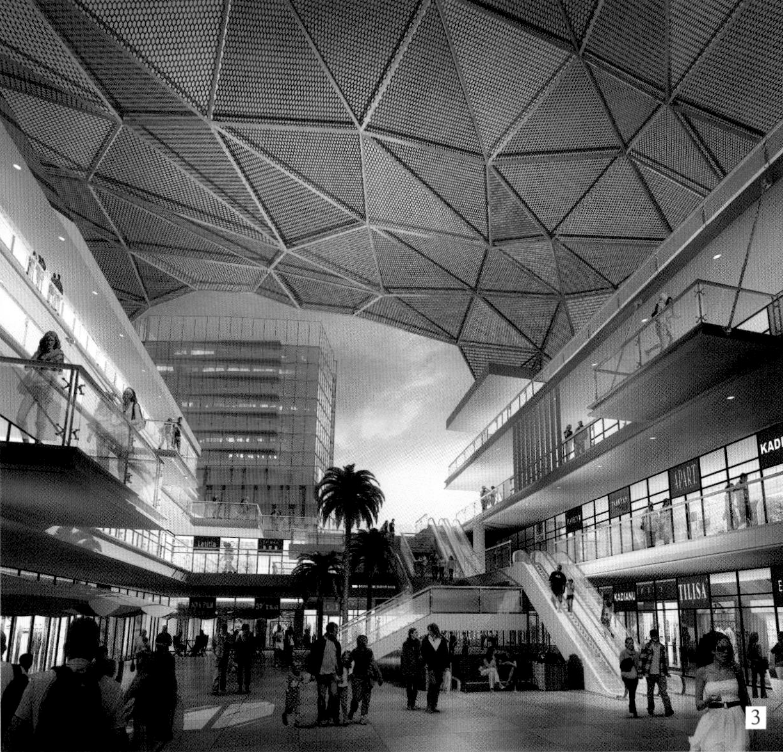

1 2 3 4 轨道投标

设计：厦门泛华建筑设计　林立
绘制：厦门众汇 ONE 数字科技有限公司

4

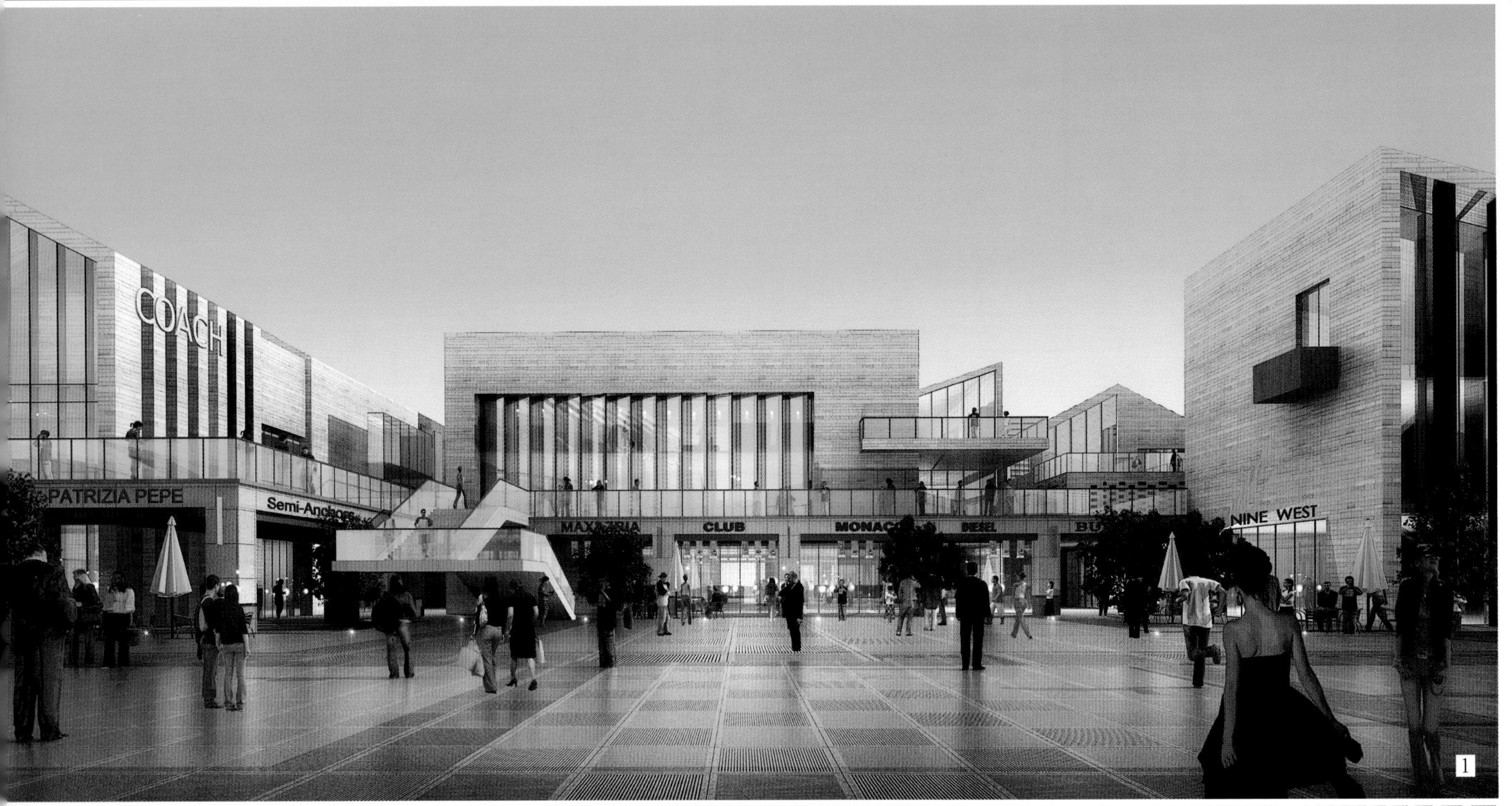

1

2

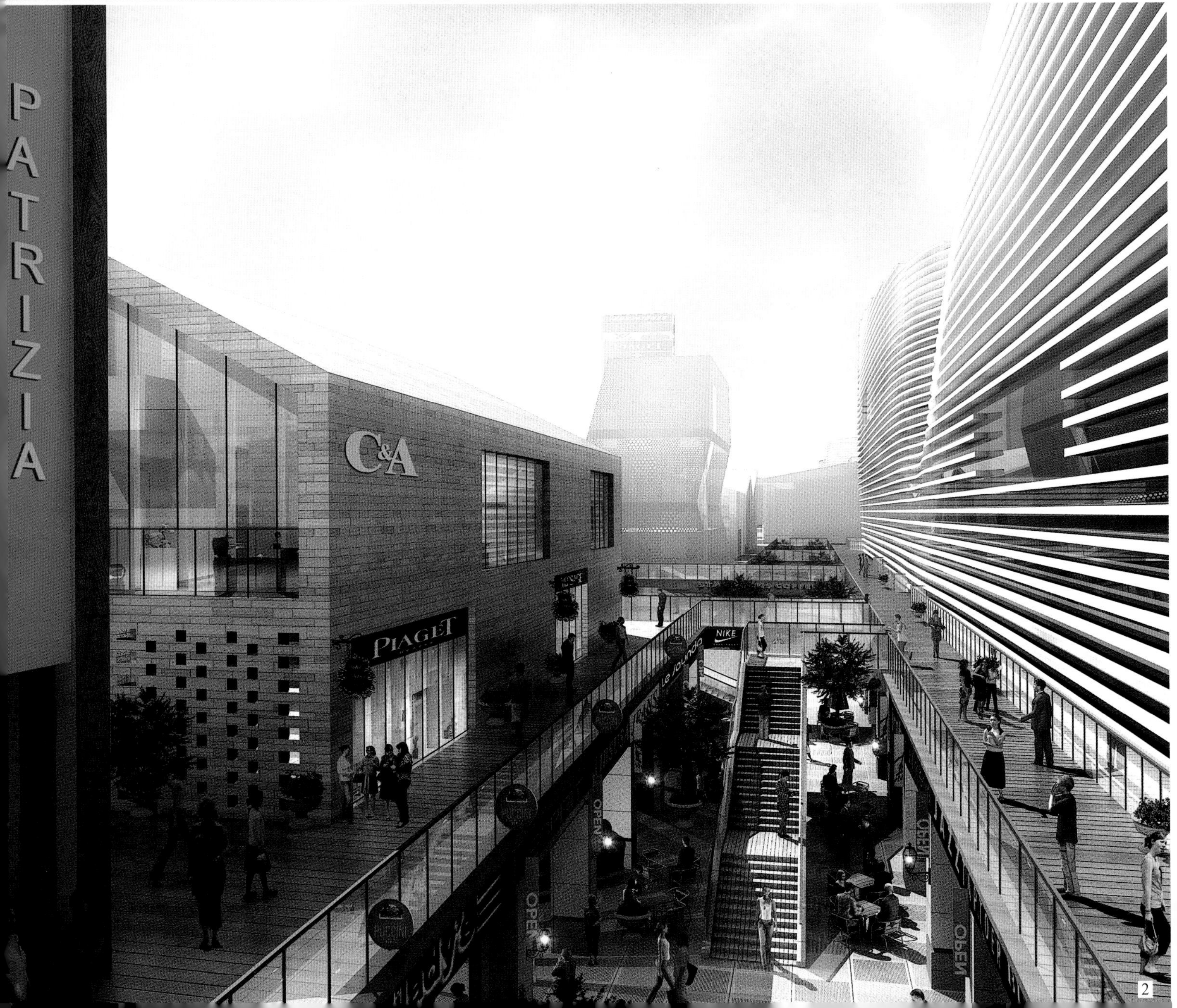

3

4

1 2 意邦时代广场

设计：浙江安地
绘制：杭州弧引数字科技有限公司

3 4 ENERGY VILLE

设计：保罗德瑞特

1 阜新

设计：上海海珠建筑设计有限公司
绘制：上海艺筑图文设计有限公司

2 沈阳太平洋

设计：浙江安地
绘制：杭州弧引数字科技有限公司

3 晋中

设计：中联程泰宁建筑设计研究院
绘制：上海凝筑

4 **5** 厦门轨道集团投标

设计：合道建筑设计集团　李明
绘制：厦门众汇 ONE 数字科技有限公司

3

4

5

1

1 临安规划

设计：浙大经境
绘制：杭州弧引数字科技有限公司

2 罗城新区规划

设计：北京龙安华诚 — 分院
绘制：北京百典数字科技有限公司

3 山东肥城红星美凯龙

设计：上海华策建筑设计事务所有限公司
绘制：上海未落建筑设计咨询有限公司

4 文登红星美凯龙

设计：上海华策建筑设计事务所有限公司
绘制：上海艺筑图文设计有限公司

2

3

4

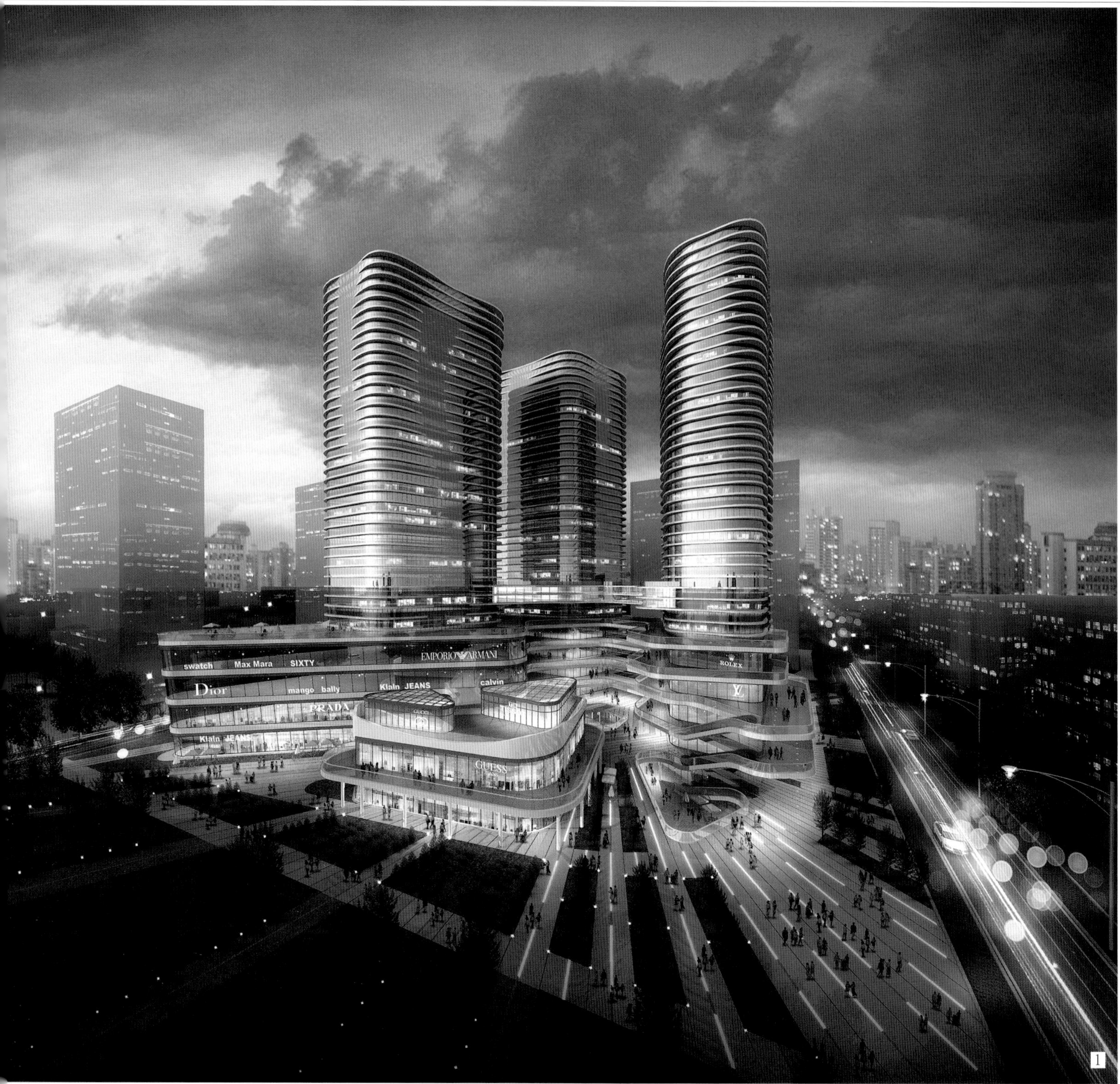
swatch
Max Mara
SIXTY
EMPORIO ARMANI
Dior
mango
bally
Klain JEANS
calvin
PRADA
GUESS
ROLEX
1

2

OTHERM
SHISEIDO
VICHY
REVLON
3

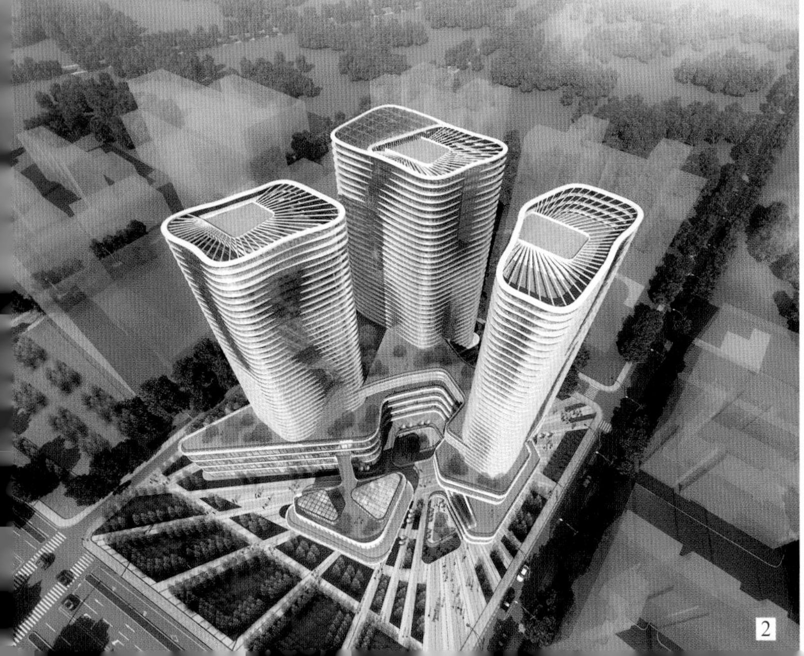

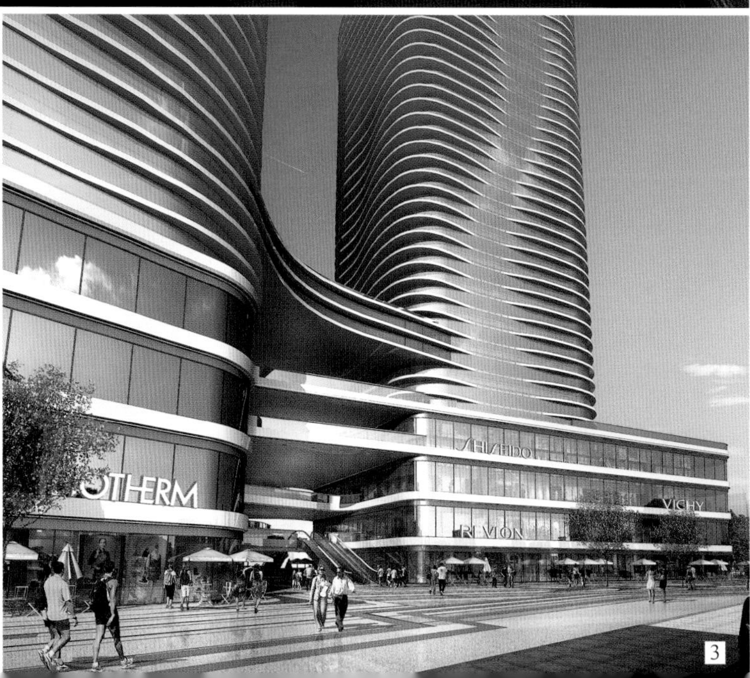

4

1 2 3 湖里国投

设计：厦门泛华建筑设计 欧阳耀勤
绘制：厦门众汇 ONE 数字科技有限公司

4 5 6 奥特莱斯

设计：上海柯翌商务咨询有限公司
绘制：上海未落建筑设计咨询有限公司

5

6

1

2

1 2 3 4 5 杭州运河汇

设计：美国双栖弧建筑设计事务所

3

4

5

2

4

5

1 2 3 大通广场

设计：浙江中和建筑设计院
绘制：杭州景尚科技有限公司

4 三亚宁远

设计：意大利迈丘设计事务所
绘制：深圳市深白数码影像设计有限公司

5 鸡西项目

设计：深圳市建构建筑设计有限公司
绘制：深圳千尺数字图像设计有限公司

1

2

3

4

5

1 2 商业广场三期

设计：世纪千俯
绘制：杭州弧引数字科技有限公司

3 台州市绿心飞龙湖方案

设计：世纪千俯
绘制：杭州弧引数字科技有限公司

4 肥东世宏广场

设计：中国电子工程设计院
绘制：北京图道数字科技有限公司

5 泰然怡湖玫瑰园三期

设计：筑博建筑设计
绘制：成都上润图文设计制作公司

2

3

4

5

■1 ■2 ■3 苏州万达广场

设计：上海帕莱登建筑景观咨询有限公司
绘制：上海域言建筑设计咨询有限公司

■4 麻城项目

设计：中国轻工业设计院武汉分院设 A1 工作室
绘制：武汉擎天建筑设计咨询有限公司

■5 抚州汽车城

设计：抚州市赣东国际汽车城开发有限公司
绘制：深圳市深白数码影像设计有限公司

1

■1 绍兴高铁

设计：浙大经境
绘制：杭州弧引数字科技有限公司

■2 ■3 ■4 遵义车后商贸城 贵阳徐工鸟瞰

设计：上海赫智建筑设计有限公司
绘制：上海赫智建筑设计有限公司

■5 辽宁兴城

设计：深圳市中汇建筑设计有限公司
绘制：深圳市深白数码影像设计有限公司

2

3

4

5

1

2

3

4

5

1 2 3 遵义车后商贸城

设计：卓创国际

4 5 6 厦门湖里国投

设计：厦门新界线建筑设计有限公司　李长辉

绘制：厦门众汇 ONE 数字科技有限公司

6

CERRUTI 1881
Cartier
LANVIN
ecco
iMac
1

OUIS VUITTON
SEPHO
2

MAC
MAC
MAC
MAC
MAC
3

1 2 让湖路连廊

设计：新外建筑设计有限公司

3 4 芜湖商业综合体

设计：深圳承构建筑咨询有限公司

绘制：深圳千尺数字图像设计有限公司

5 6 乡鸭湖卓创

设计：新外建筑设计有限公司

5

6

1

2

■1 ■2 某市场商业规划

设计：邵老师
绘制：合肥徽源图文设计工作室

■3 达州人民广场项目

设计：美国思纳史密斯设计
绘制：成都上润图文设计制作有限公司

■4 ■5 武汉青山建设二路项目

设计：武汉中合元创建筑设计有限公司

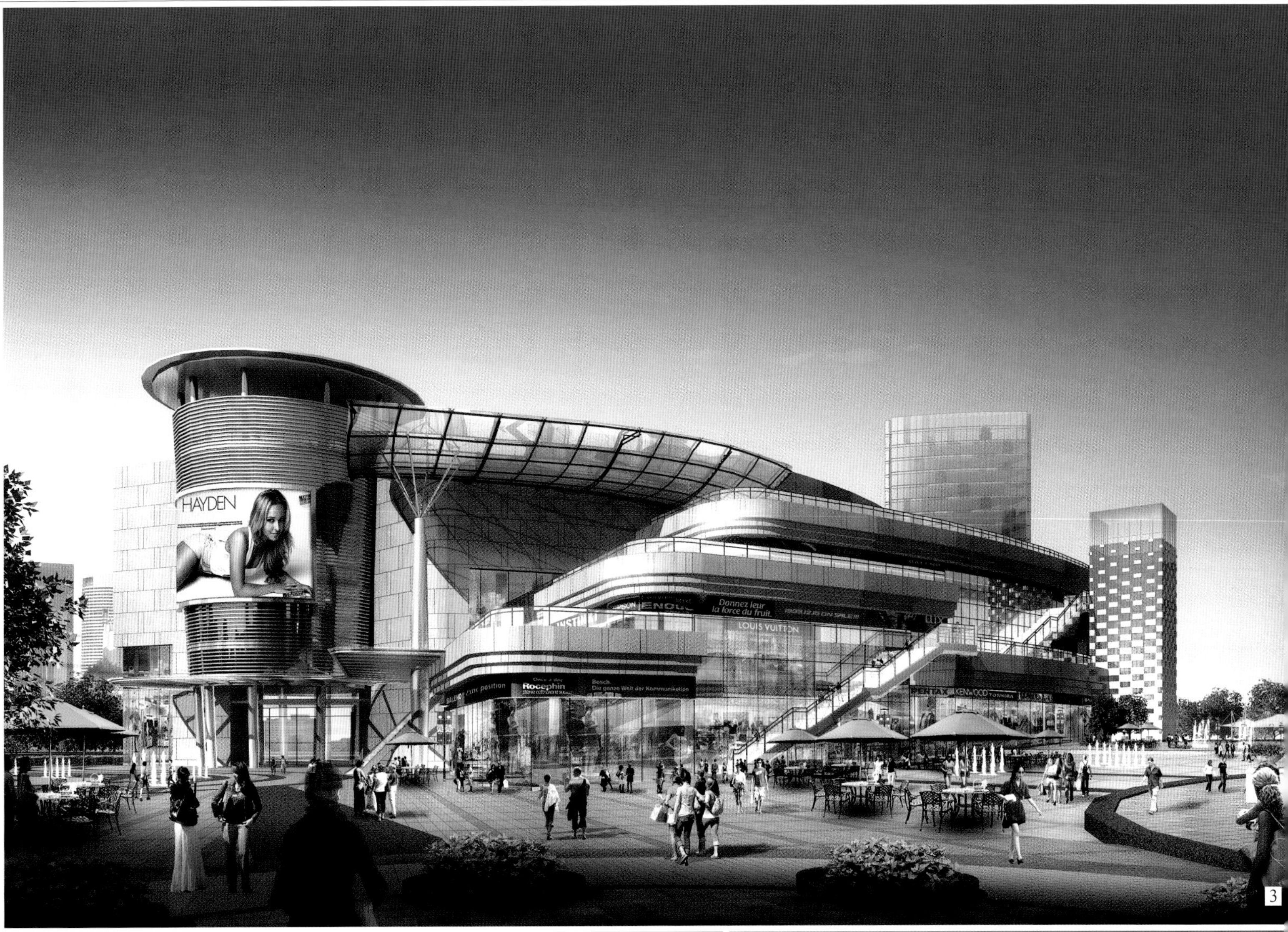

3

4

5

1

2

3

4

5

1 2 3 4 5 惠州中信城市广场

设计：深圳筑之源
绘制：深圳筑之源

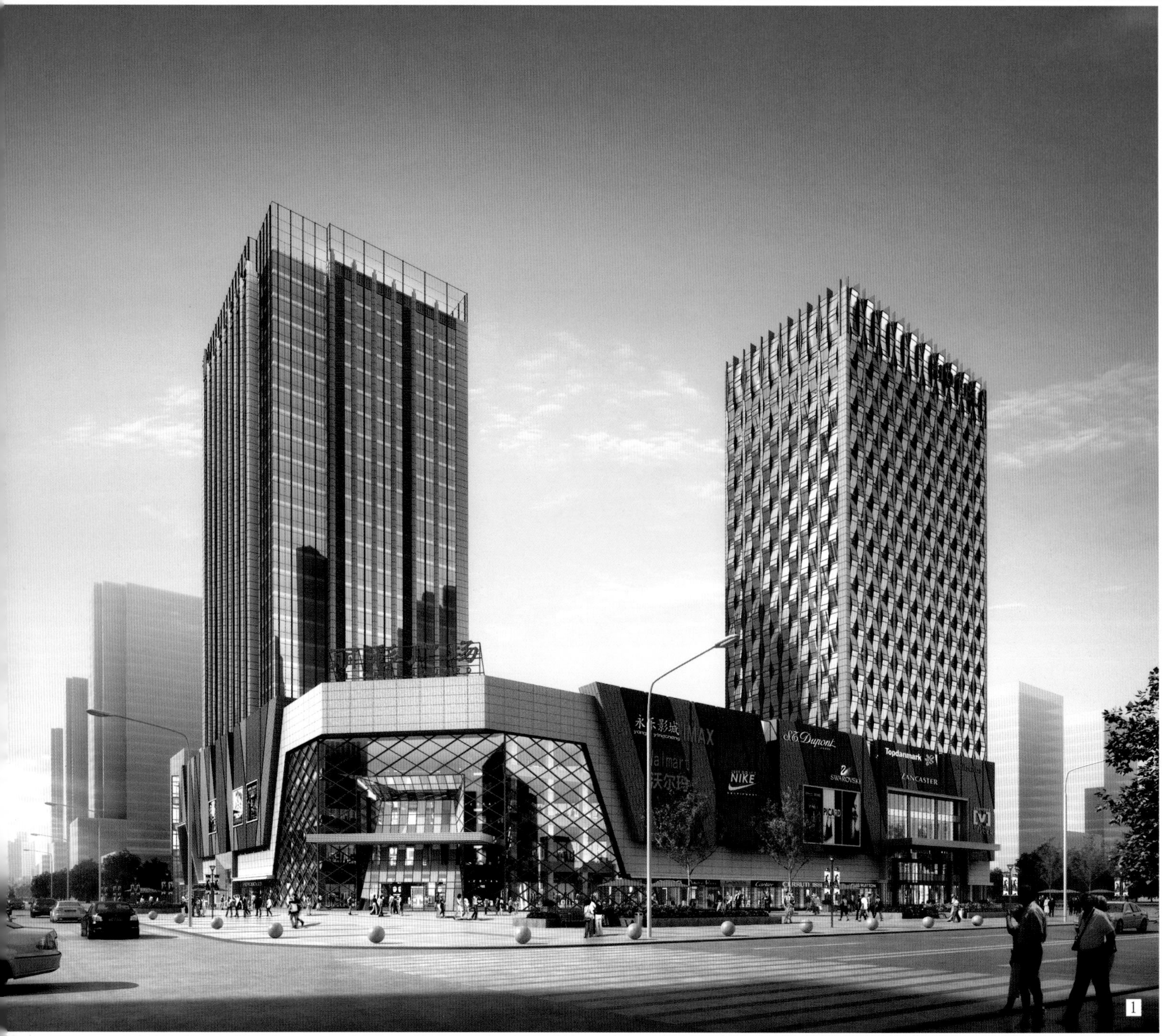

1

2

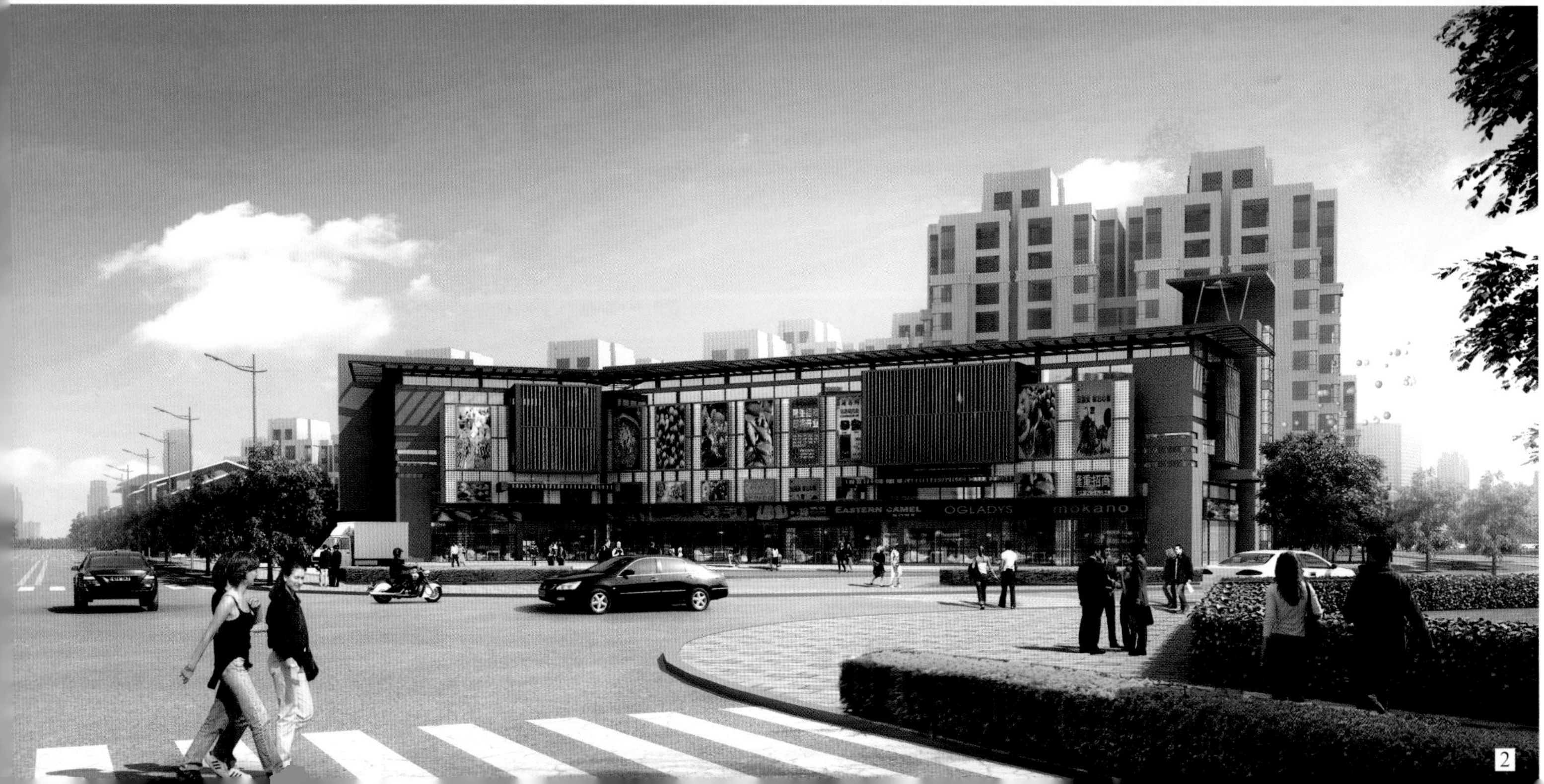

1 某商业综合体方案

设计：沈阳帧帝三维建筑艺术有限公司
绘制：沈阳帧帝三维建筑艺术有限公司

2 农贸市场

设计：深圳市加华创源建筑设计有限公司
绘制：深圳市原创力数码影像设计有限公司

3 4 广州万达项目

设计：Chapman Taylor
绘制：上海携客数字科技有限公司

5 澳门广场

设计：上海华策建筑设计事务所有限公司
绘制：上海未落建筑设计咨询有限公司

3

4

5

1

2

1 2 3 万和商业中心方案一

设计：深圳市华品建筑设计有限公司
绘制：深圳市原创力数码影像设计有限公司

4 5 万和商业中心方案二

设计：深圳市华品建筑设计有限公司
绘制：深圳市原创力数码影像设计有限公司

1

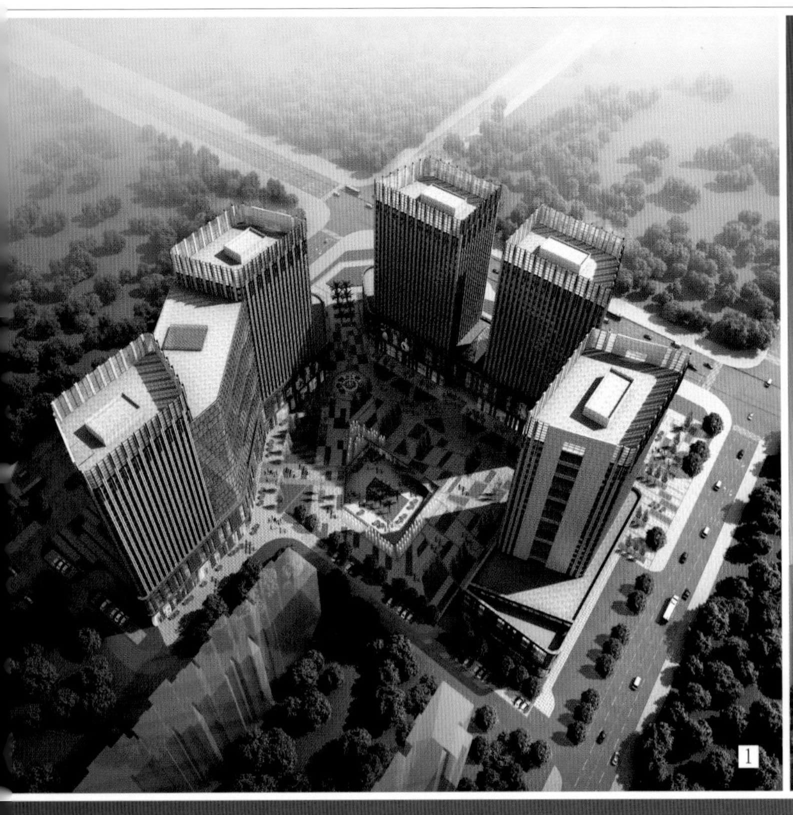

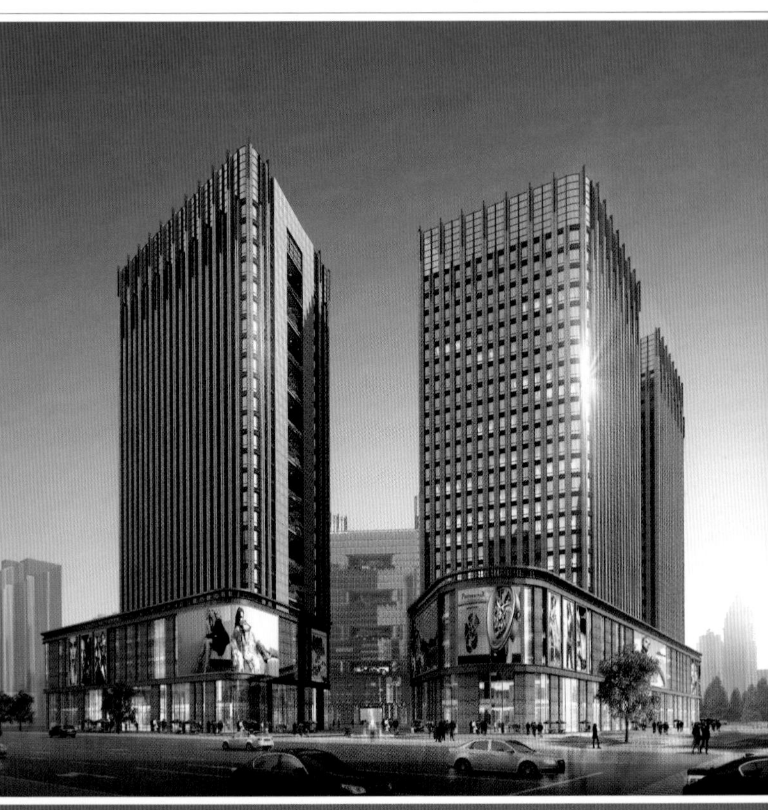

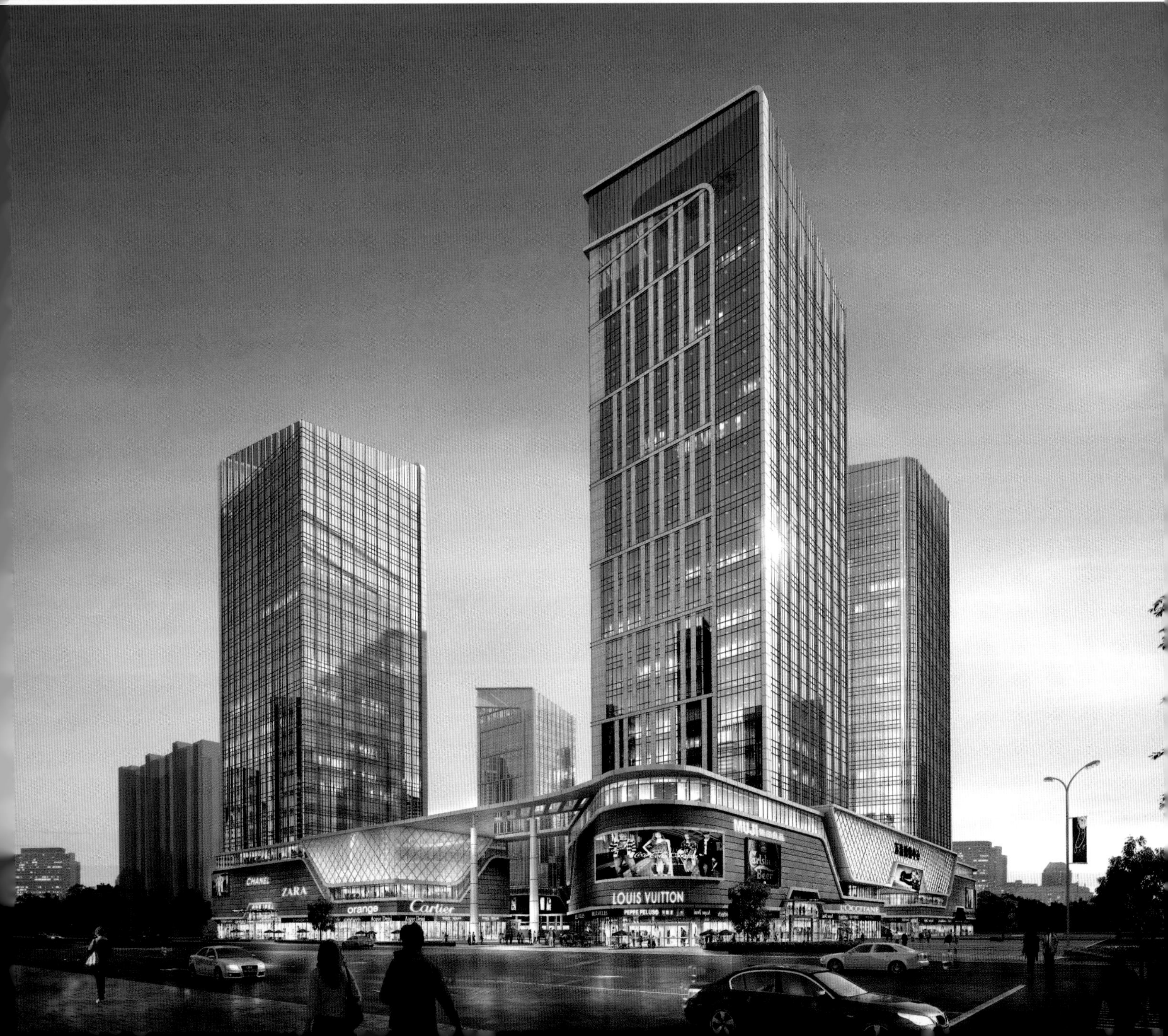
CHANEL
ZARA
orange
Cartier
LOUIS VUITTON
MUJI
L'OCCITANE

4

5

6

1 2 万和商业中心方案三

设计：深圳市华品建筑设计有限公司
绘制：深圳市原创力数码影像设计有限公司

3 万和商业中心

设计：深圳市华品建筑设计有限公司
绘制：深圳市原创力数码影像设计有限公司

4 5 6 宁波江北方案

设计：宏正建筑设计院
绘制：杭州景尚科技有限公司

1

1 2 3 4 临沂珠宝城

设计：上海华策建筑设计事务所有限公司
绘制：上海未落建筑设计咨询有限公司

2

3

4

1

2

1 2 3 临沂珠宝城

设计：上海华策建筑设计事务所有限公司
绘制：上海未落建筑设计咨询有限公司

1

2

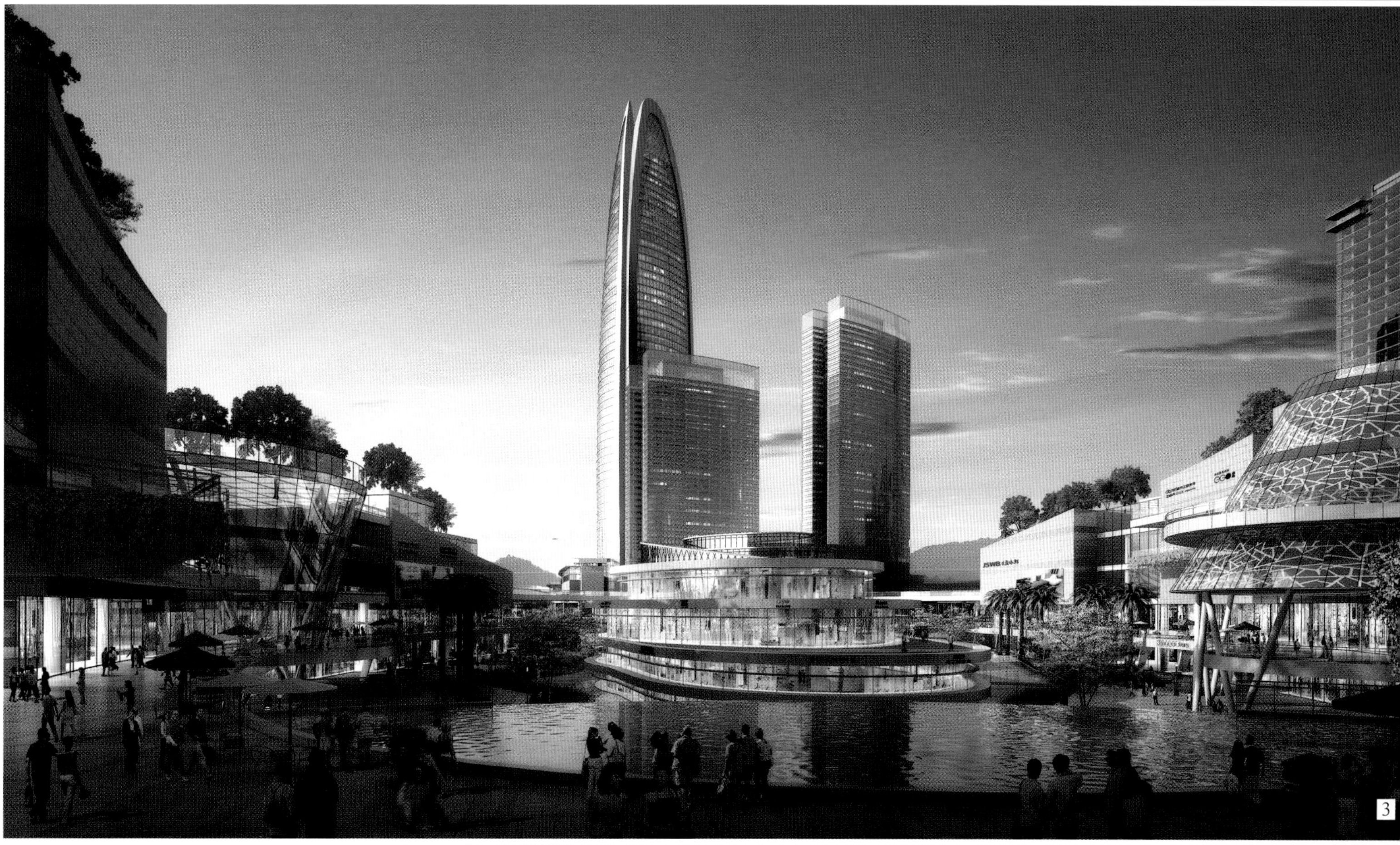

3

1 2 3 4 5 福州上渡建材城改造

设计：上海华策建筑设计事务所有限公司

绘制：上海未落建筑设计咨询有限公司

4

5

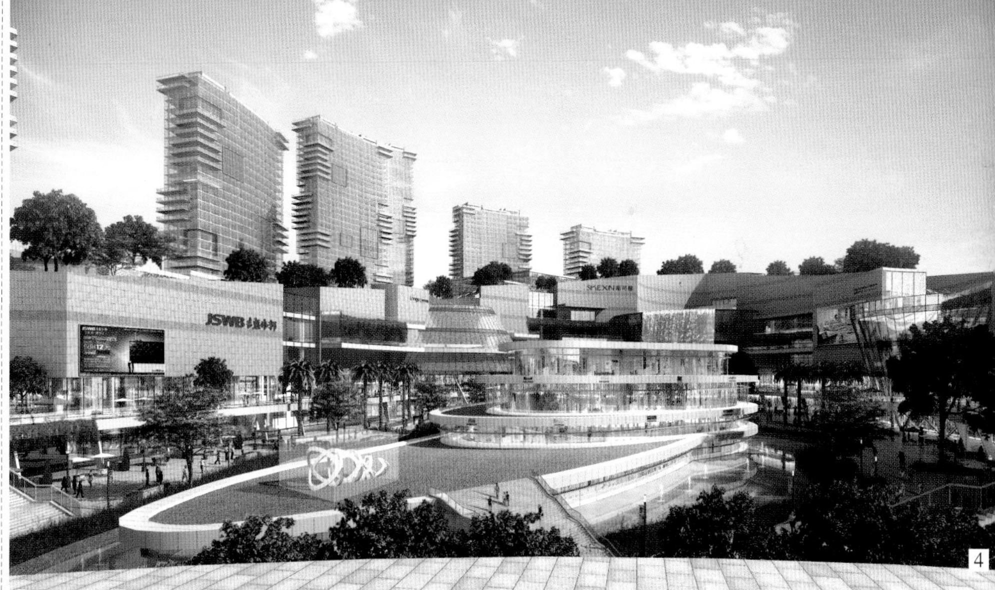

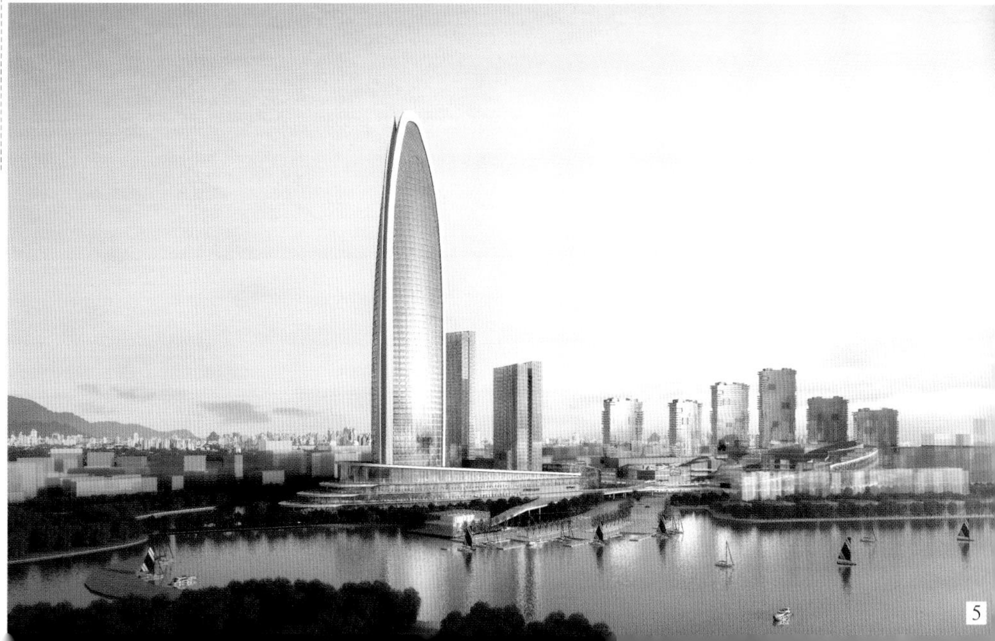

1

2

3

4

5

1 2 3 芜湖F地块

设计：南巽设计院
绘制：唐人建筑设计效果图

4 5 阳光天地

设计：上海华策建筑设计事务所有限公司
绘制：上海艺筑图文设计有限公司

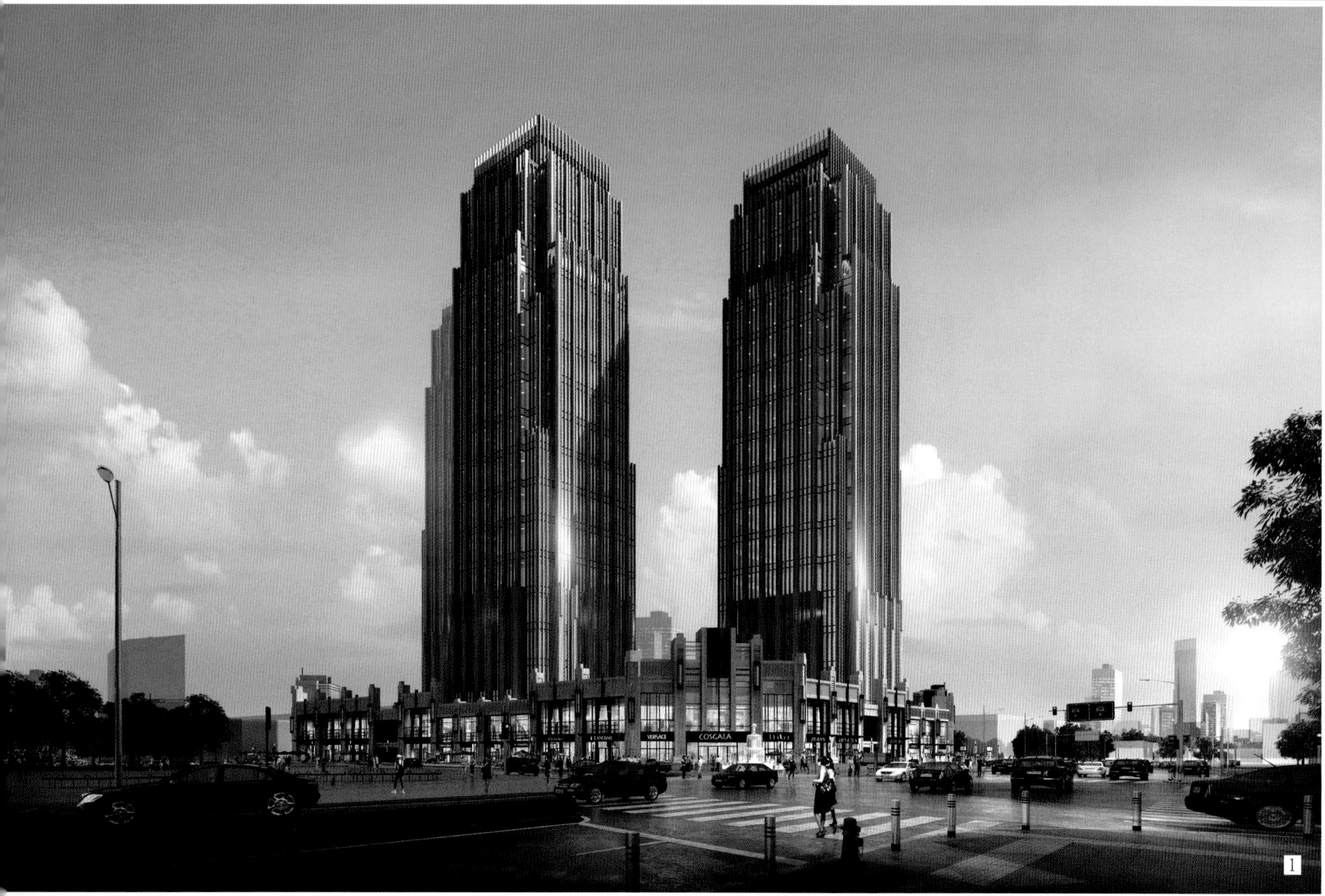
VERSACE
COSGALA

1

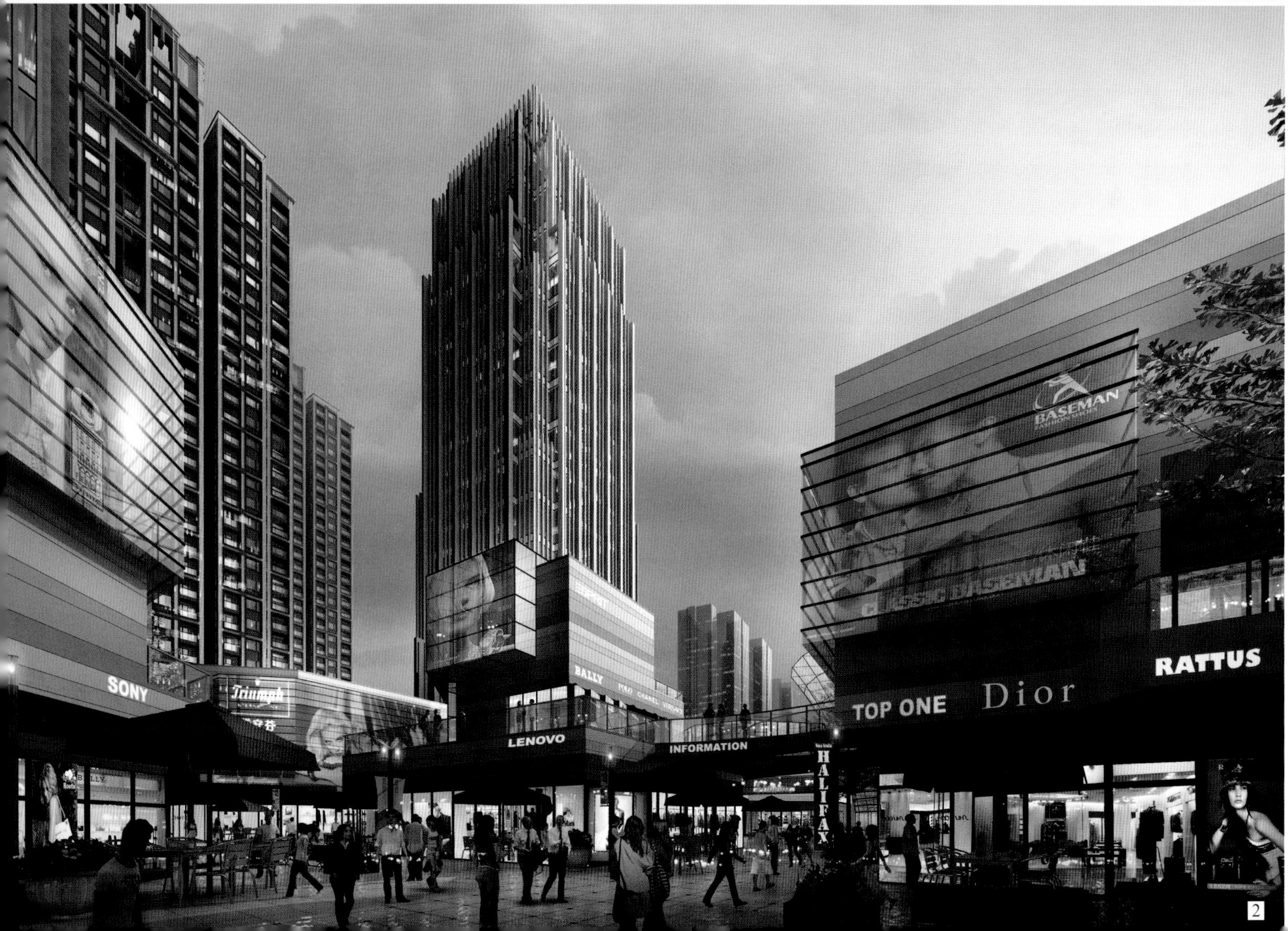
BASEMAN
SONY
Triumph
BALLY
LENOVO
INFORMATION
HALIFAX
TOP ONE
Dior
RATTUS

2

1 2 武汉汉口北项目

设计：武汉中合元创建筑设计有限公司
绘制：深圳长空永恒数字科技有限公司

3 北京番禺万达

设计：上海鼎实建筑设计有限公司
绘制：上海艺筑图文设计有限公司

4

1 2 3 武汉胜利街商业中心

设计：武汉中合元创建筑设计有限公司
绘制：深圳长空永恒数字科技有限公司

4 某商业规划

设计：安徽省城乡规划研究院
绘制：合肥徽源图文设计工作室

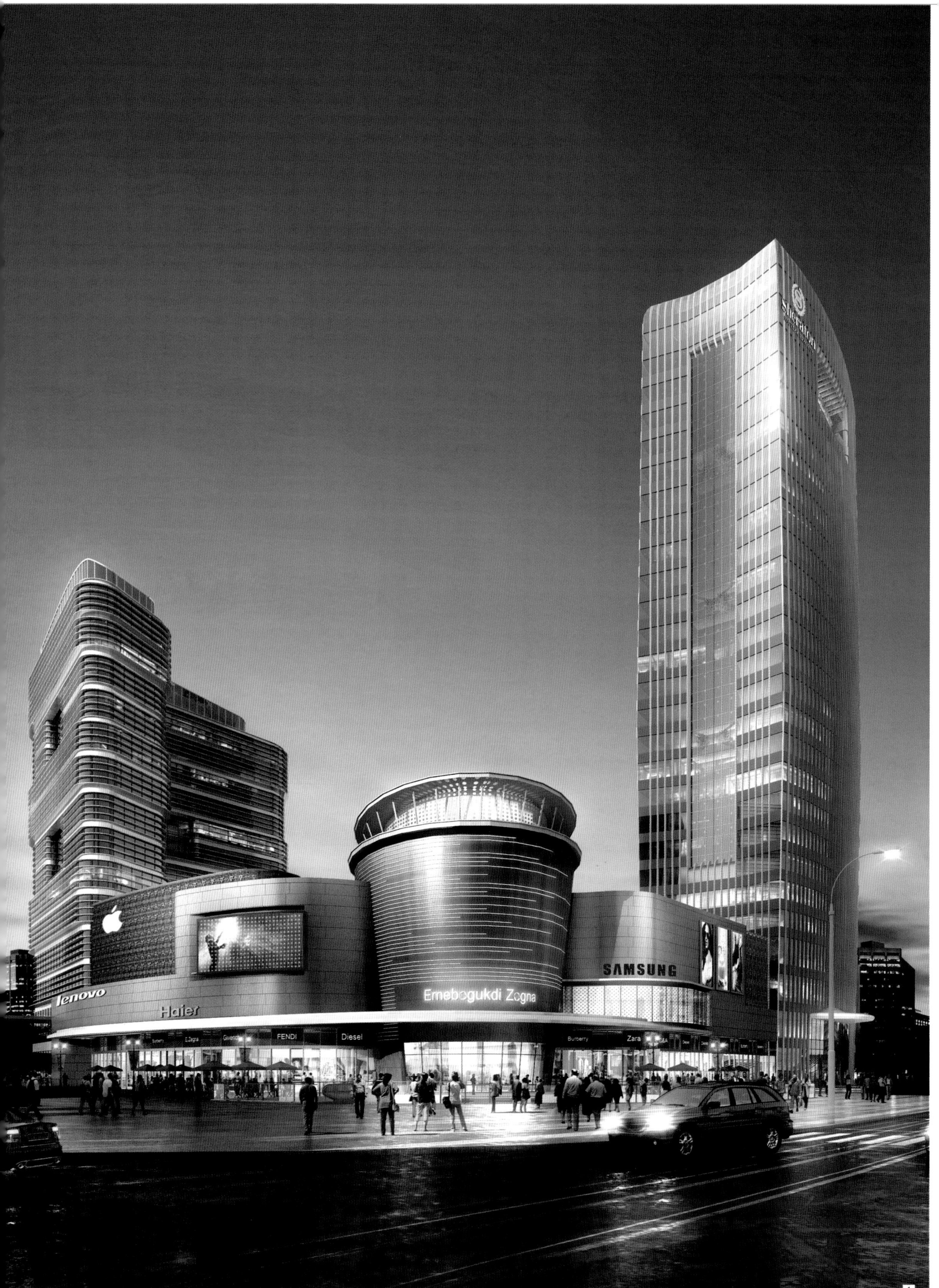

1

2

3

4

5

1 2 3 4 5 上海路项目

设计：久宜
绘制：上海艺筑图文设计有限公司

1

2

1 2 3 武汉项目

设计：上海一砼建筑规划设计有限公司
绘制：上海携客数字科技有限公司

3

1

2

3

1 2 3 4 5 西双版纳项目

设计：深圳市加华创源建筑设计有限公司
绘制：深圳市原创力数码影像设计有限公司

2

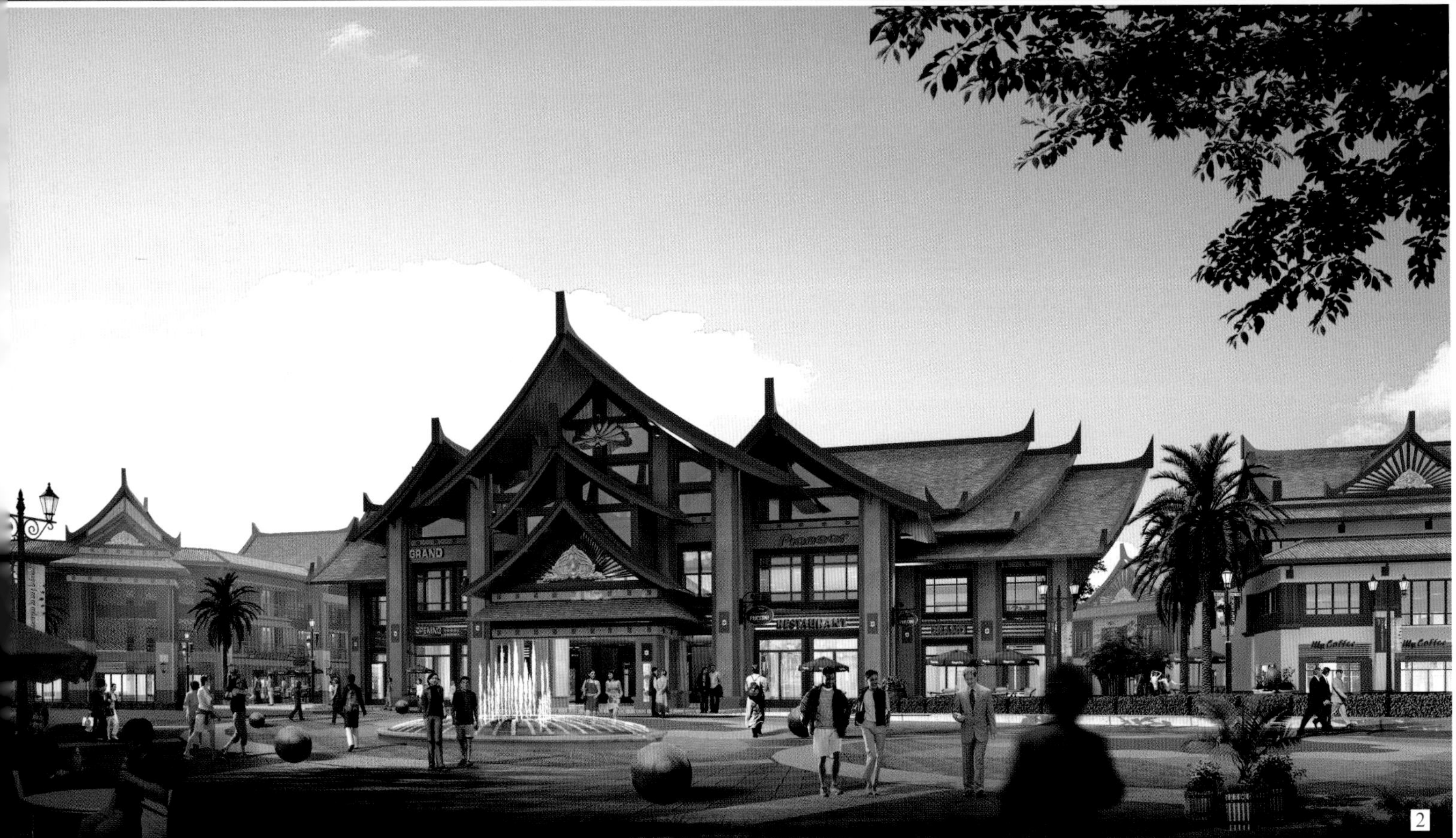

3

4

1 2 3 4 西双版纳项目

设计：深圳市加华创源建筑设计有限公司
绘制：深圳市原创力数码影像设计有限公司

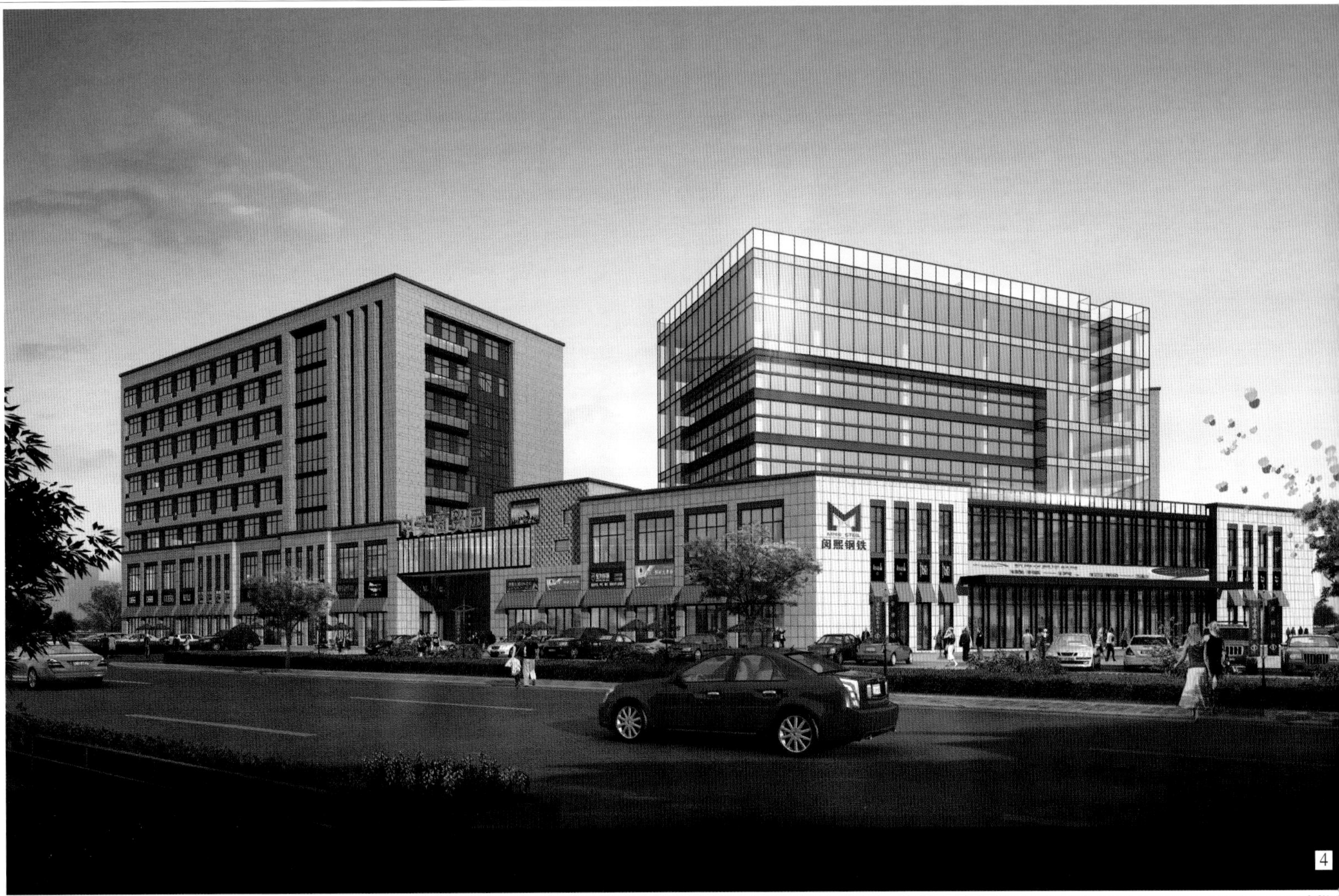

4

5

6

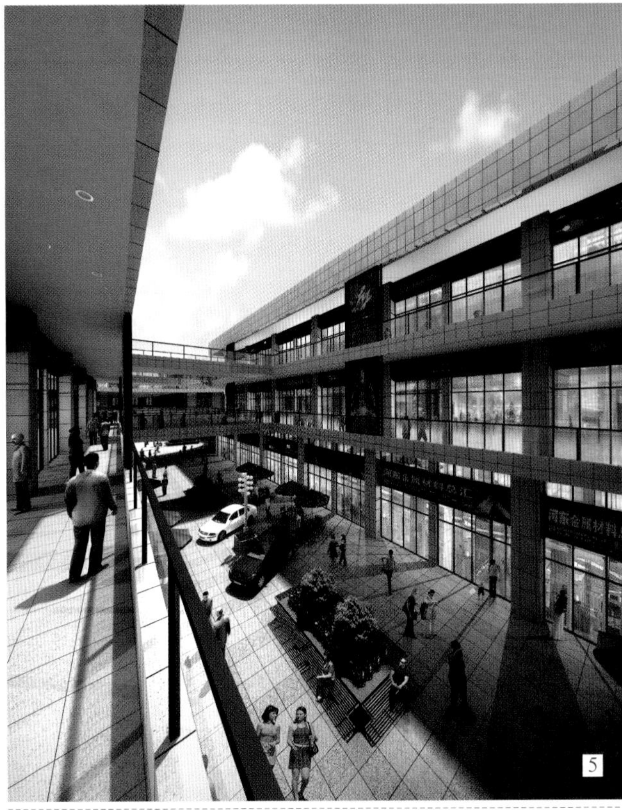

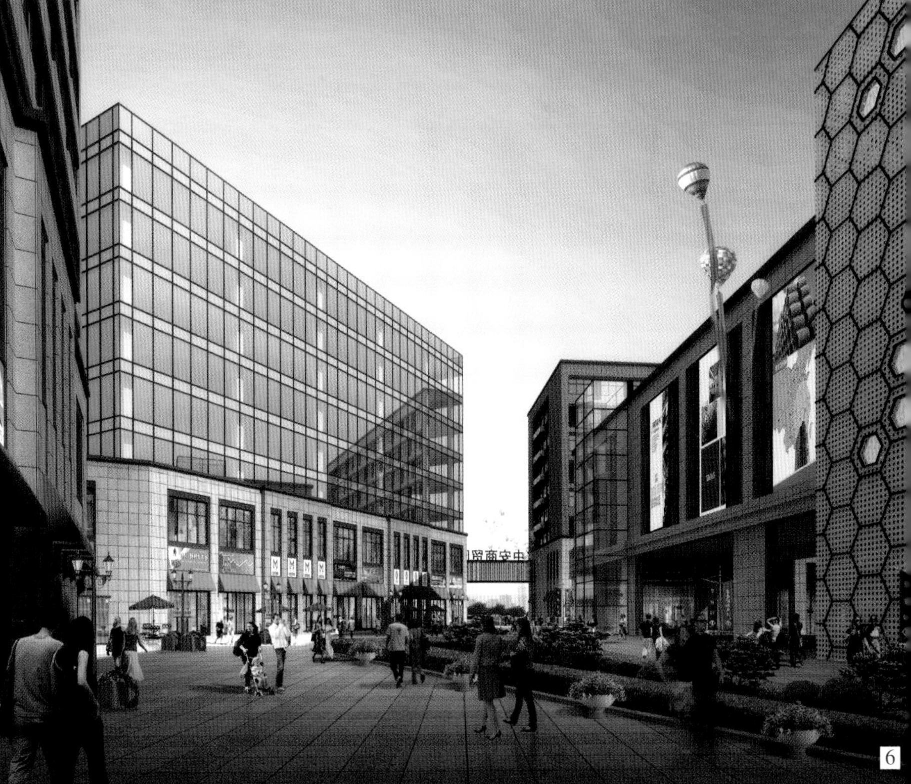

1 2 3 4 5 6 中安市场

设计：宏正建筑设计院
绘制：杭州景尚科技有限公司

1

2

1 2 3 昆明商场规划

设计：深圳市同济人建筑设计有限公司
绘制：深圳市原创力数码影像设计有限公司

4 本溪车站东地段规划

设计：沈阳市华域建筑设计有限公司
绘制：沈阳帧帝三维建筑艺术有限公司

5 武汉青山建设二路项目

设计：武汉中合元创建筑设计有限公司
绘制：深圳长空永恒数字科技有限公司

PRADA
PRADA
1

PRADA
PRADA
2

Damasco
STARBUCKS COFFEE
3

4

1 2 石家庄项目

设计：深圳市肯定建筑设计有限公司
绘制：深圳市普石环境艺术设计有限公司

3 157 商业项目

设计：成都万汇建筑设计
绘制：深圳市水木数码影像科技有限公司

4 香格里拉大酒店

设计：浙大院
绘制：杭州骏翔广告有限公司

1

2

3

4

5

1 2 某商业

设计：长沙图龙设计有限公司
绘制：天海图文设计

3 和达

设计：上海鼎实建筑设计有限公司
绘制：上海艺筑图文设计有限公司

4 5 湖北竹山

设计：诺麦建筑设计咨询（上海）有限公司
绘制：上海携客数字科技有限公司

1

2

LOUIS VUITTON
Burberry
Louis Vuitton
GUCCI
N°5
SALE SALE SALE
Diesel
Burberry
3

4

5

1 2 合肥融侨华府

设计：上海华策建筑设计事务

绘制：上海艺筑图文设计有限公司

3 安徽怀远

设计：上海光逸建筑设计事务所

绘制：上海艺筑图文设计有限公司

4 绿地成都中心广场

设计：程泰宁

绘制：上海艺筑图文设计有限公司

5 绿地成都商业

设计：程泰宁

绘制：上海艺筑图文设计有限公司

SHOPPING MALL
CHANEL
KFC
OMEGA
CHANEL
1

OUTLETS
FASHION OUTLETS
EVENT
KFC
JACK&JONES
Metersbonwe
2

STARBUCKS COFFEE
SHOPPING MALL
SWAROVSKI
CHANEL
KFC
3

4

5

1 2 3 4 5 白泉商业中心

设计：舟山建筑规划设计研究院
绘制：杭州骏翔广告有限公司

1

2

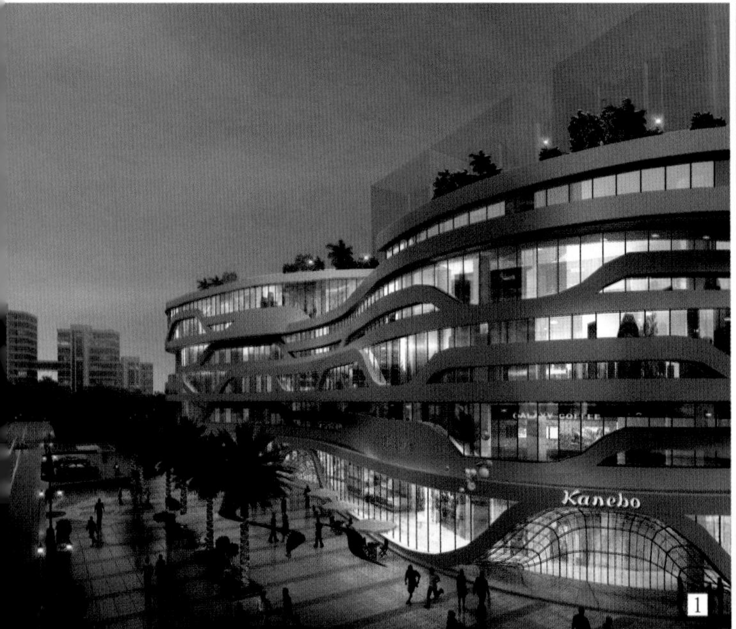

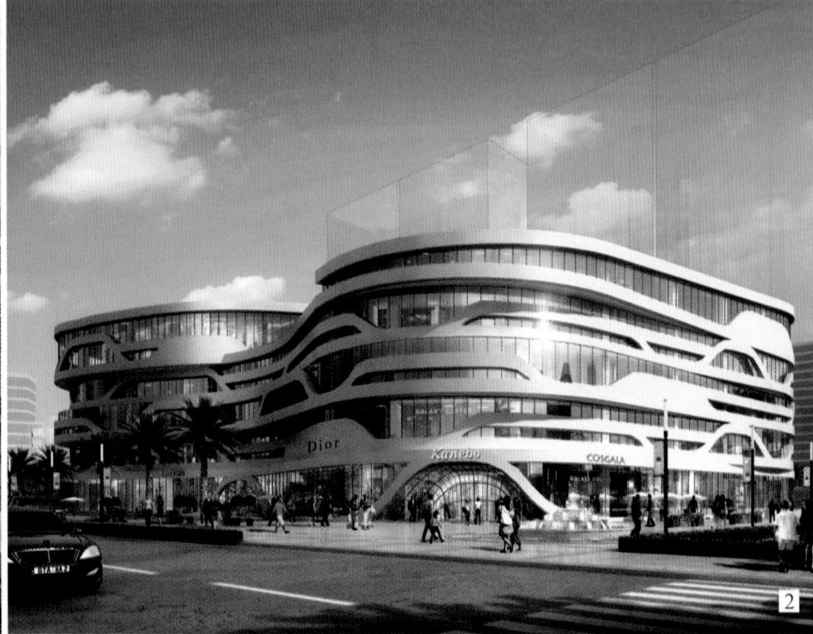

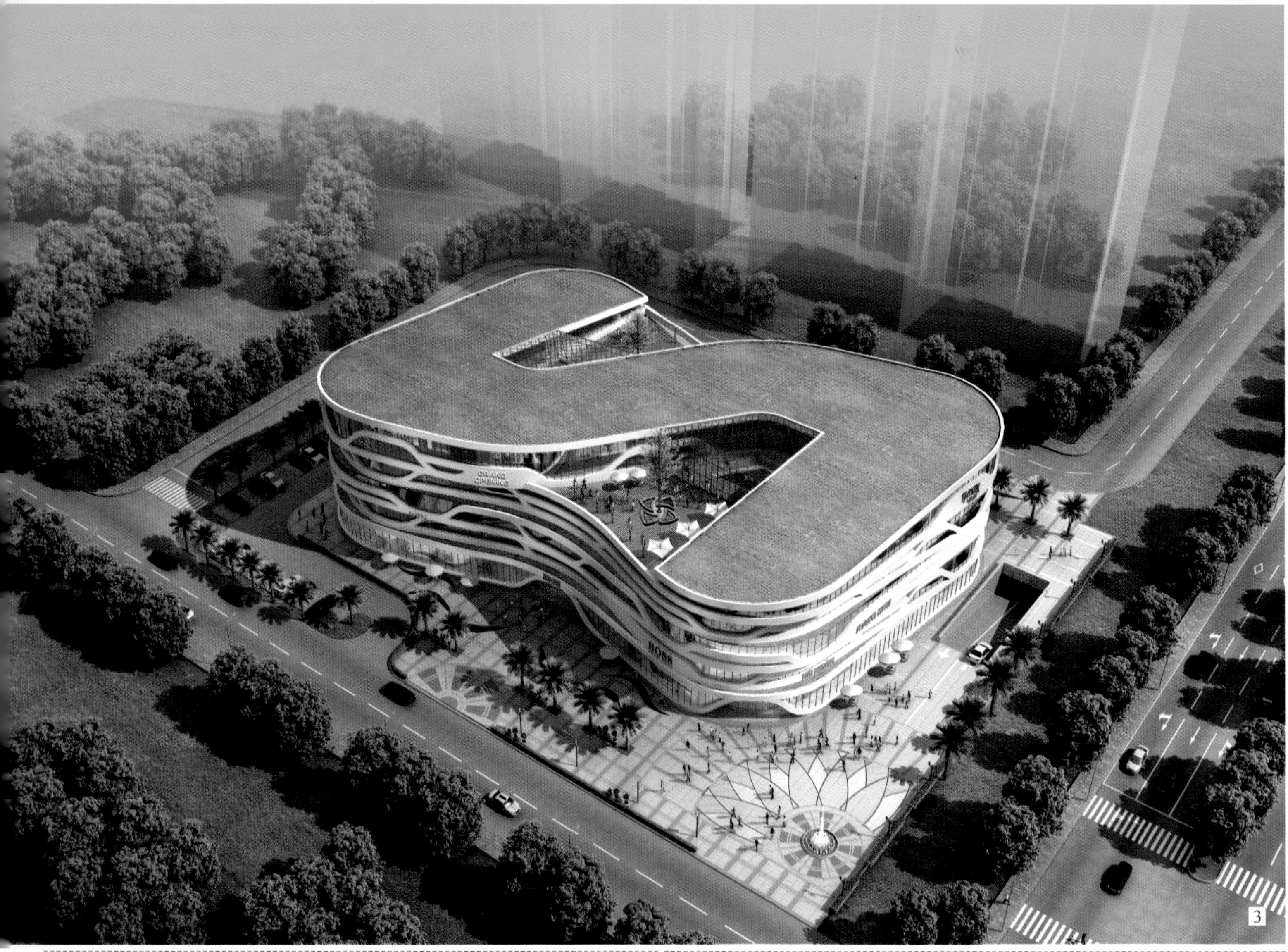

3

1 2 3 商业体

设计：深圳乐思汇城建筑设计公司
绘制：深圳市原创力数码影像设计有限公司

4 5 洛阳市名门商业项目

设计：机械工业第四设计研究院
绘制：洛阳张涵数码影像技术开发有限公司

4

5

1

1 2 3 4 方大城商业广场

设计：深圳筑之源
绘制：深圳筑之源

2

3

4

1

2

3

1 2 3 4 龙湖常州北城天街

设计：上海天华建筑设计有限公司
绘制：上海艺筑图文设计有限公司

5 舟山商贸城

设计：舟山建筑规划设计研究院
绘制：杭州骏翔广告有限公司

5

1

2

3

4

5

1 2 清湖项目

设计：深圳市城市规划设计研究院有限公司
绘制：深圳长空永恒数字科技有限公司

3 杉杉余姚

设计：程太宁
绘制：上海艺筑图文设计有限公司

4 萧山花木城

设计：浙大院
绘制：杭州骏翔广告有限公司

5 思纳宁乡综合体项目

设计：美国思纳史密斯设计
绘制：成都上润图文

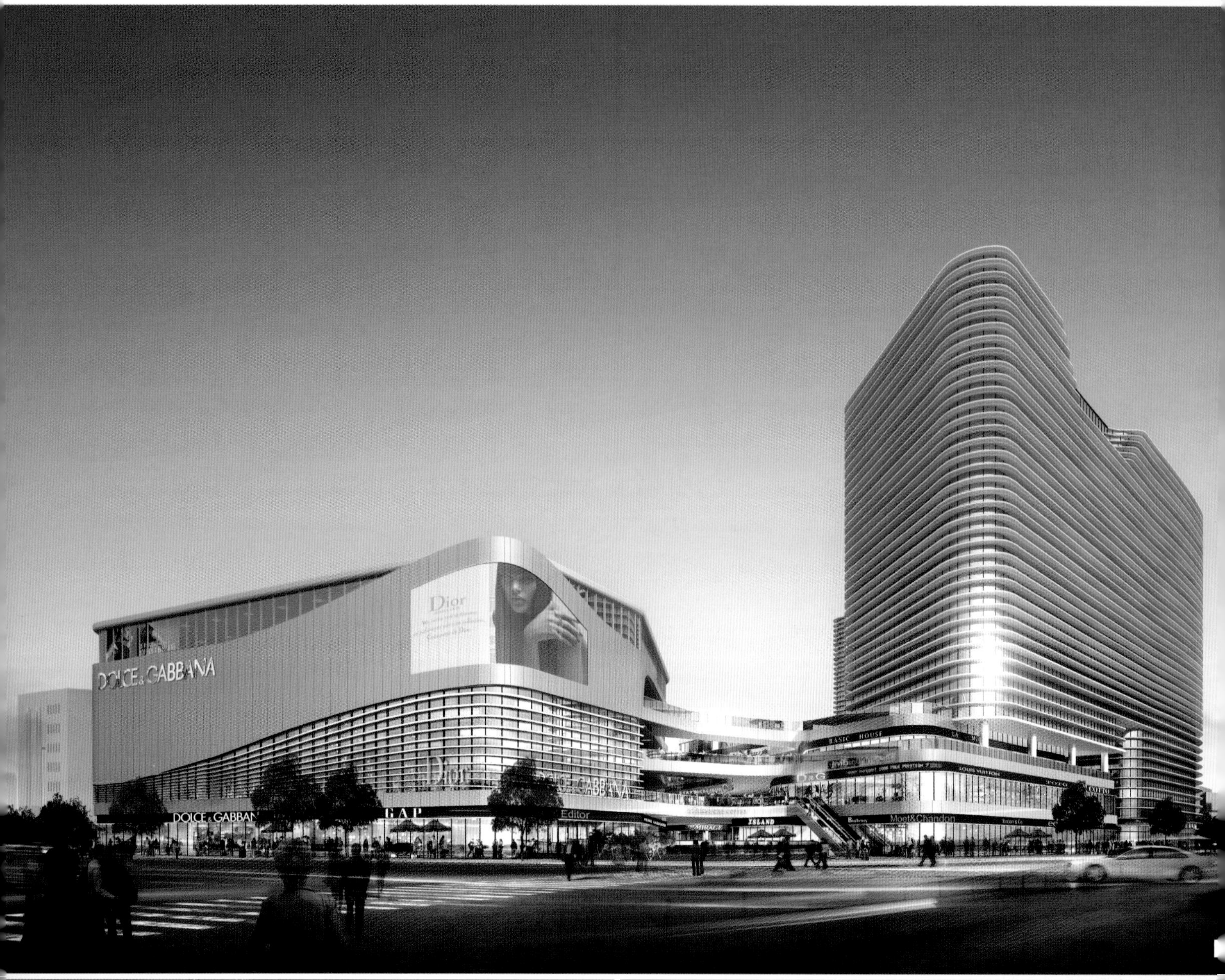
DOLCE&GABBANA
Dior
DOLCE&GABBANA
GAP
Editor
BASIC HOUSE
ISLAND
Moet&Chandon

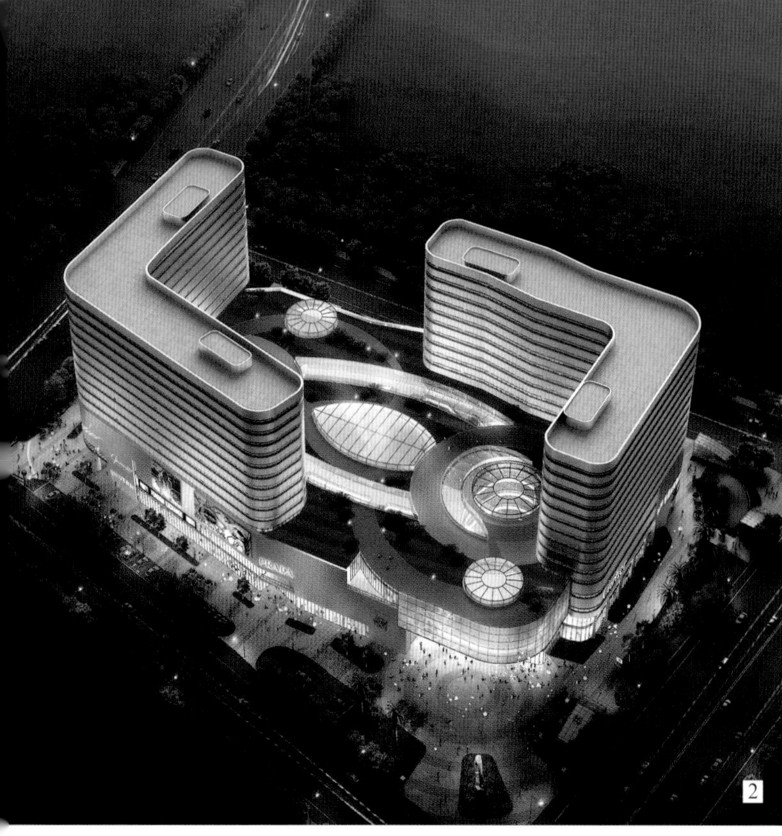

2

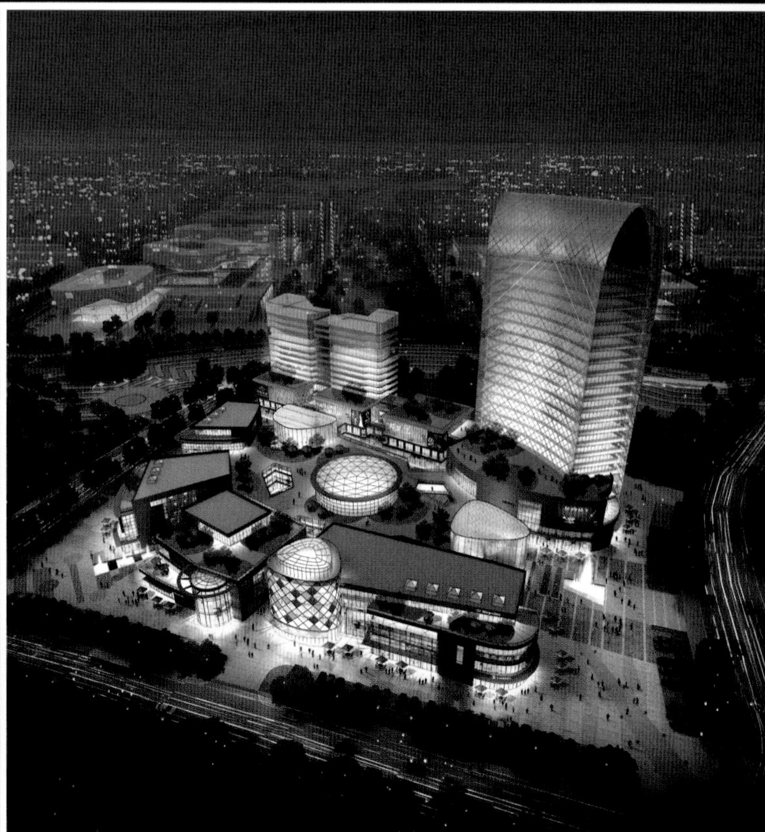

4

5

1 **2** 钱江新城 cbd 某商业体

设计：浙江省建筑设计研究院
绘制：杭州骏翔广告有限公司

3 天津百泰珠宝广场

设计：OUR（HK）设计事务所
绘制：深圳长空永恒数字科技有限公司

4 宁波人才公寓商业广场

设计：舟山建筑规划设计研究院
绘制：杭州骏翔广告有限公司

5 泰茂城商业广场

设计：浙江省建筑设计研究院
绘制：杭州骏翔广告有限公司

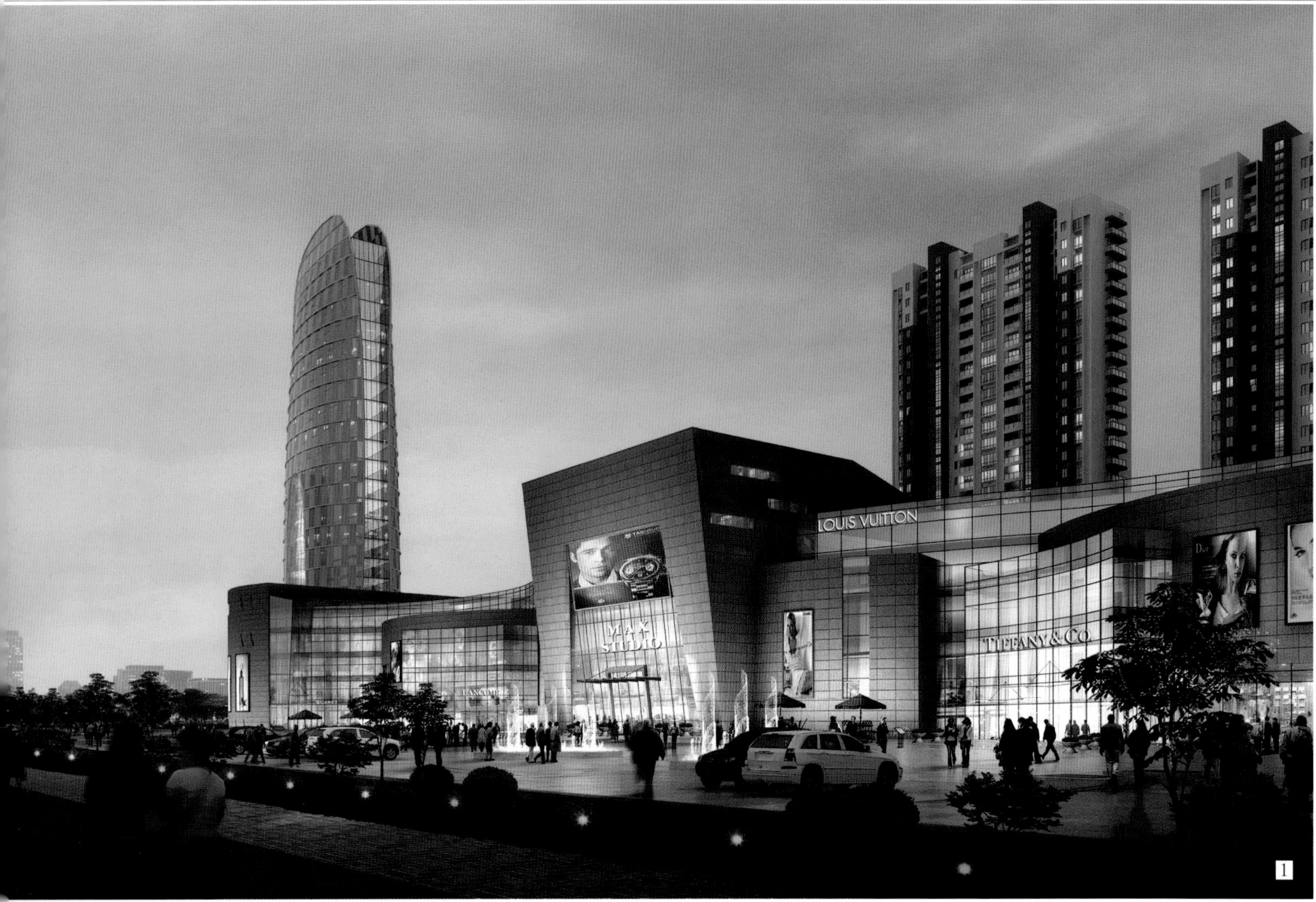

1

2

3

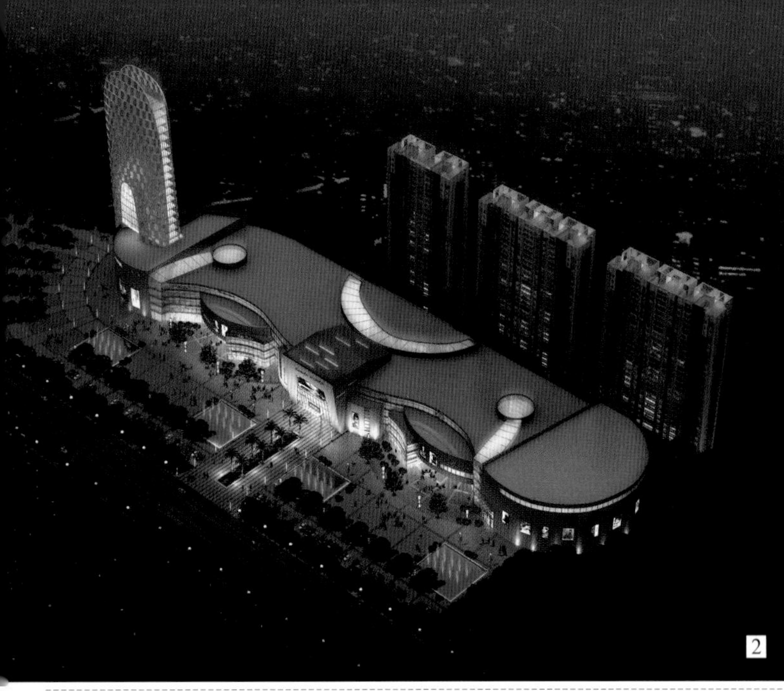

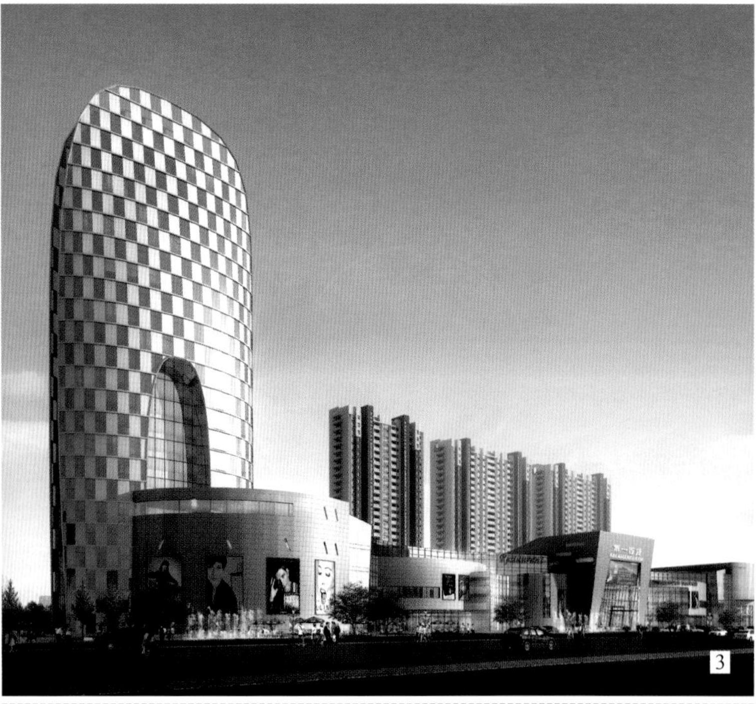

1 2 3 振兴东路商业区

设计：浙江中和建筑设计院
绘制：杭州景尚科技有限公司

4 广元小商品城

设计：四川中颐建筑设计有限公司
绘制：绵阳瀚影数码图像设计有限公司

4

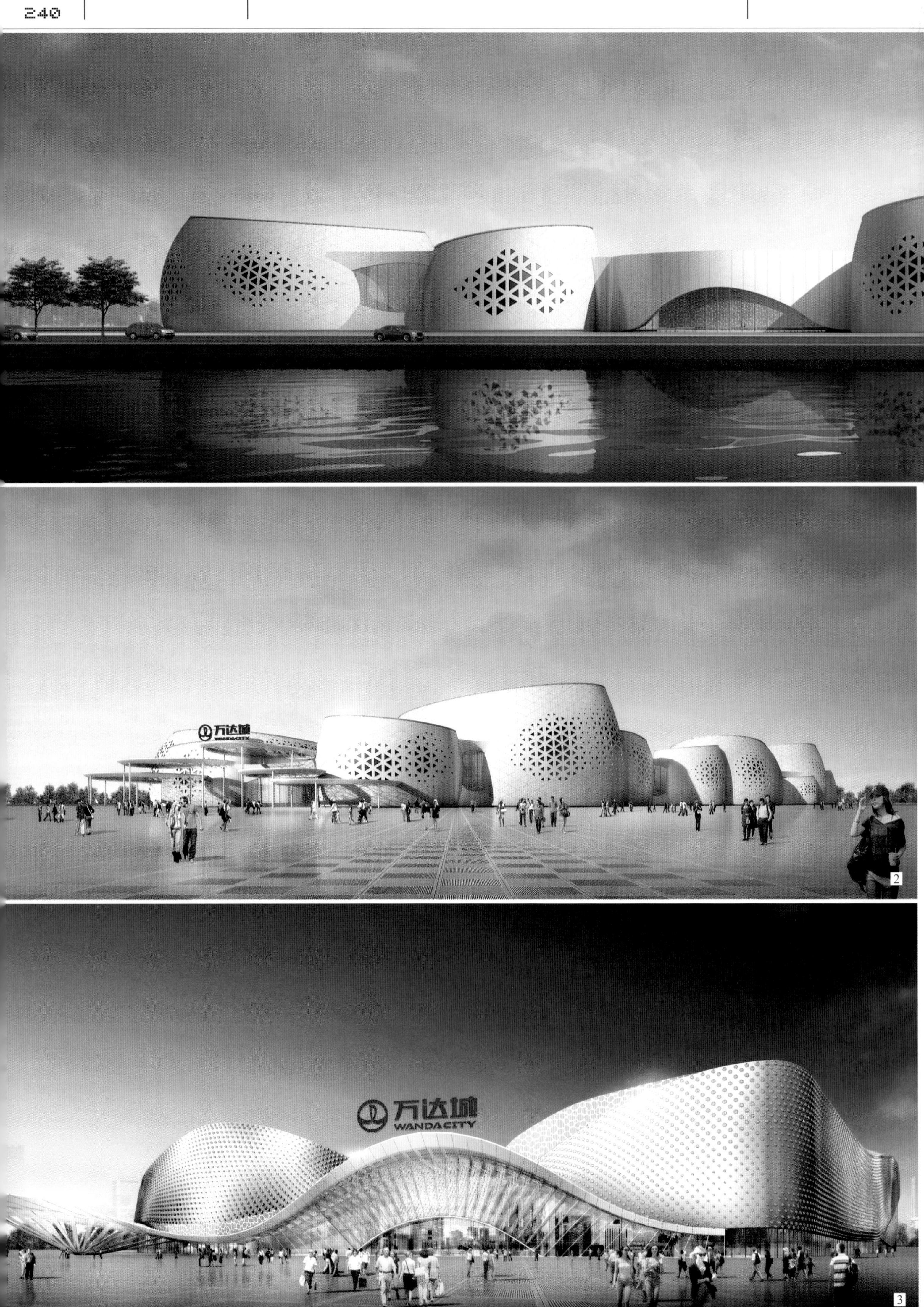
万达城
WANDACITY
2
万达城
WANDACITY
3

1

4

1 2 3 4 南昌万达

设计：上海鼎实建筑设计有限公司
绘制：上海艺筑图文设计有限公司

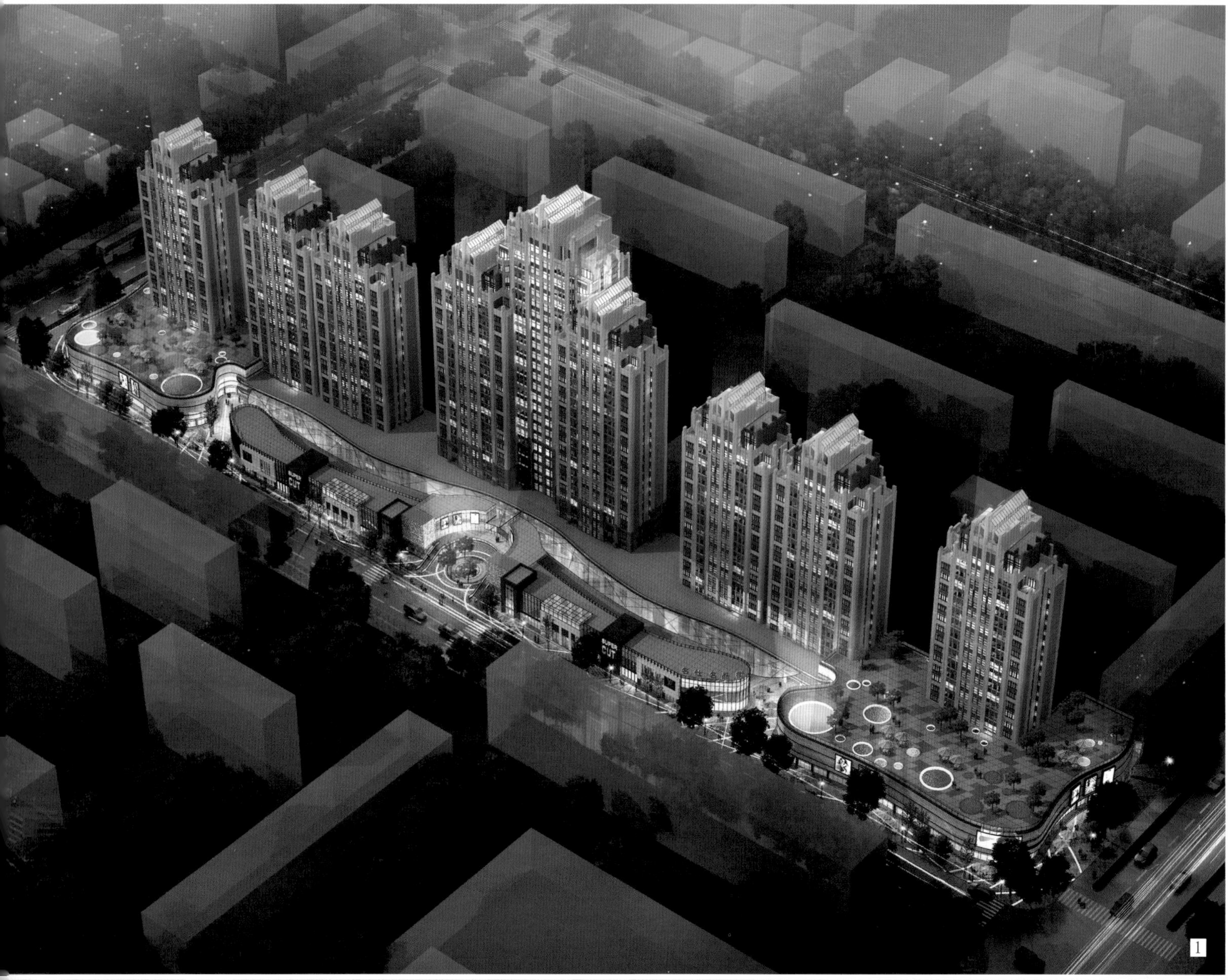

1

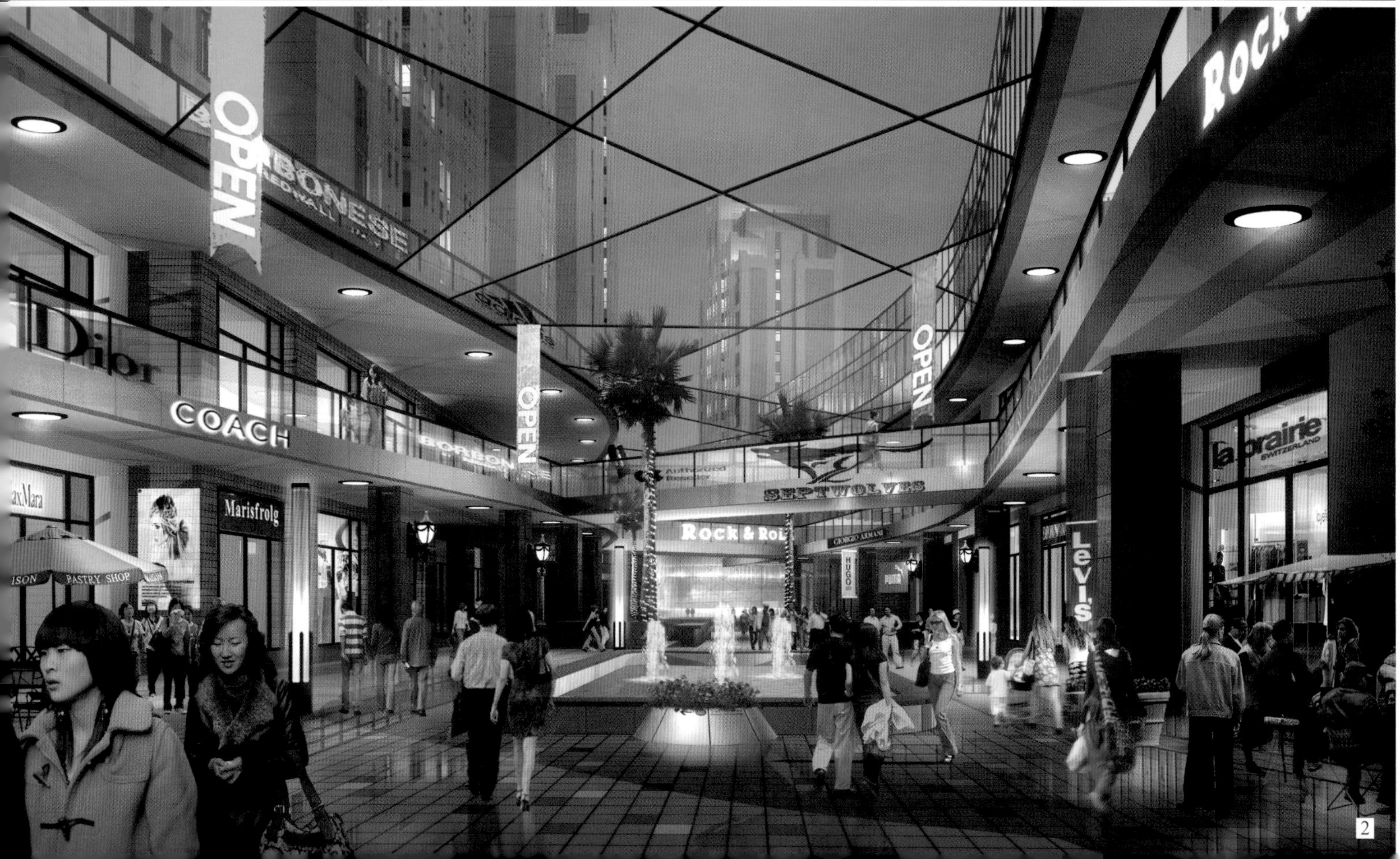

2

3

4

1 2 临猗华晋综合体

设计：北京中翰国际
绘制：银河世纪图像

3 翰沃项目

设计：深圳市建构建筑设计有限公司
绘制：深圳千尺数字图像设计有限公司

4 齐齐哈尔商业综合体

设计：广州柏源建筑设计有限公司
绘制：深圳千尺数字图像设计有限公司

1

4

1 2 3 4 文心五路商业建筑

设计：深圳筑之源
绘制：深圳筑之源

3

1 2 3 4 无锡世奥广场项目

设计：深圳筑之源
绘制：深圳筑之源

1

1 2 物联2期商业广场

设计：深圳筑之源

绘制：深圳筑之源

2

3 4 招商坪山项目商业

设计：深圳筑之源

绘制：深圳筑之源

3

4

1

2

3

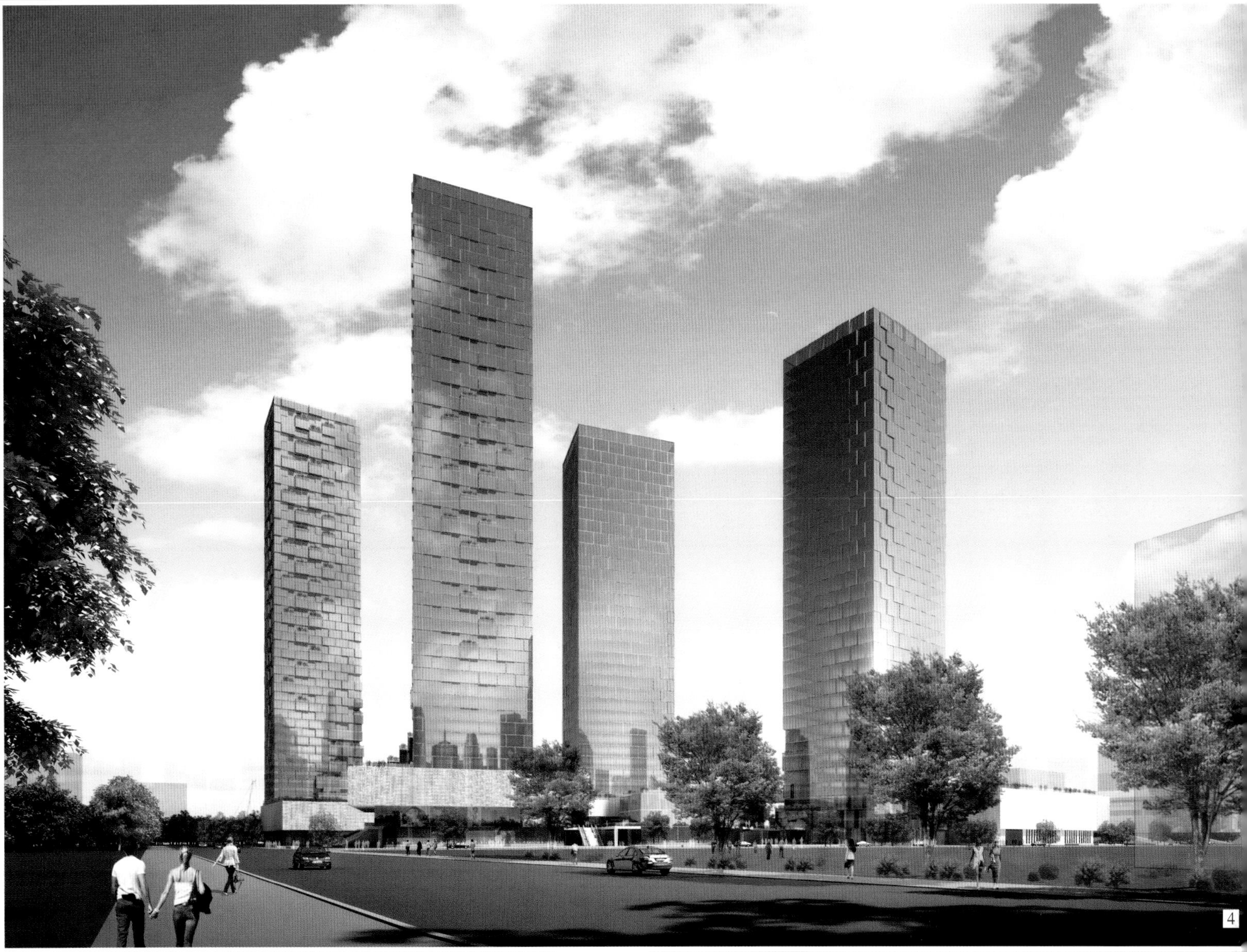
4

5

6

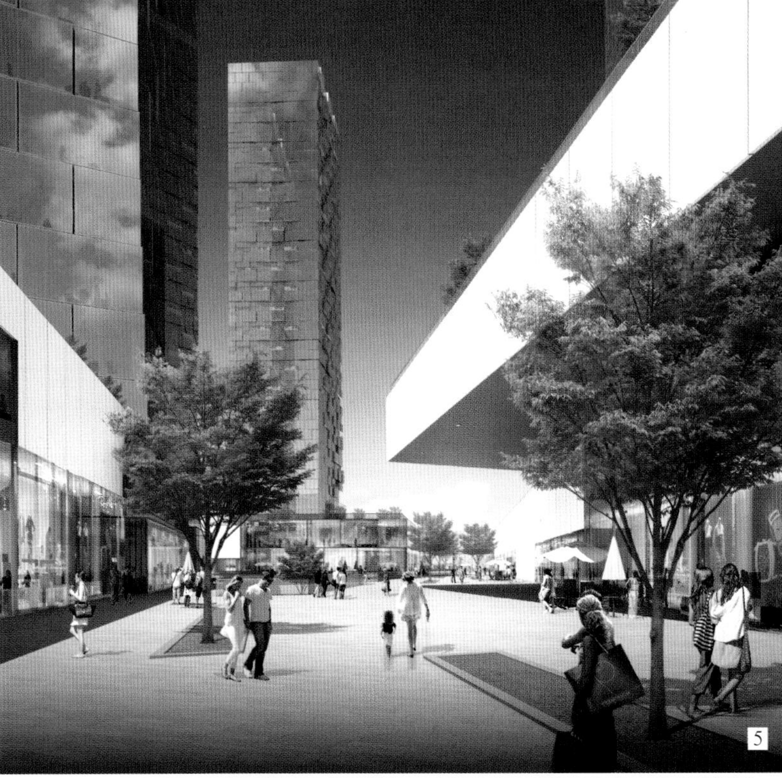

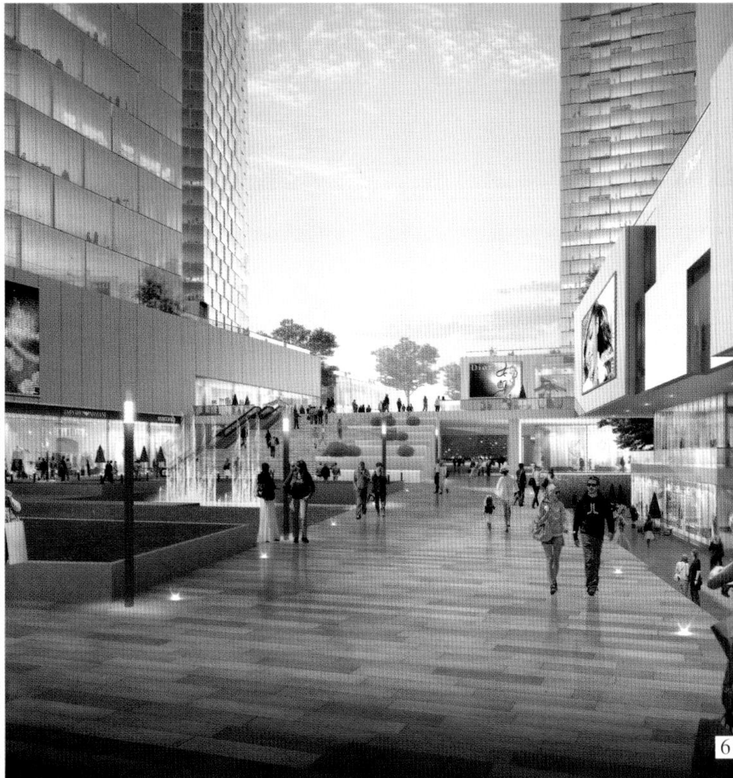

1 2 3 4 5 6 光明商业广场

设计：深圳筑之源
绘制：深圳筑之源

1

2

3

4

■1 光明商业广场方案一

设计：深圳筑之源
绘制：深圳筑之源

■2 ■3 ■4 光明商业广场方案二

设计：深圳筑之源
绘制：深圳筑之源

1

2

2 3 4 瑞泽商业广场概念方案

设计：深圳筑之源
绘制：深圳筑之源

1

1 2 3 广州巨大二期商业广场

设计：深圳筑之源
绘制：深圳筑之源

1

2

3

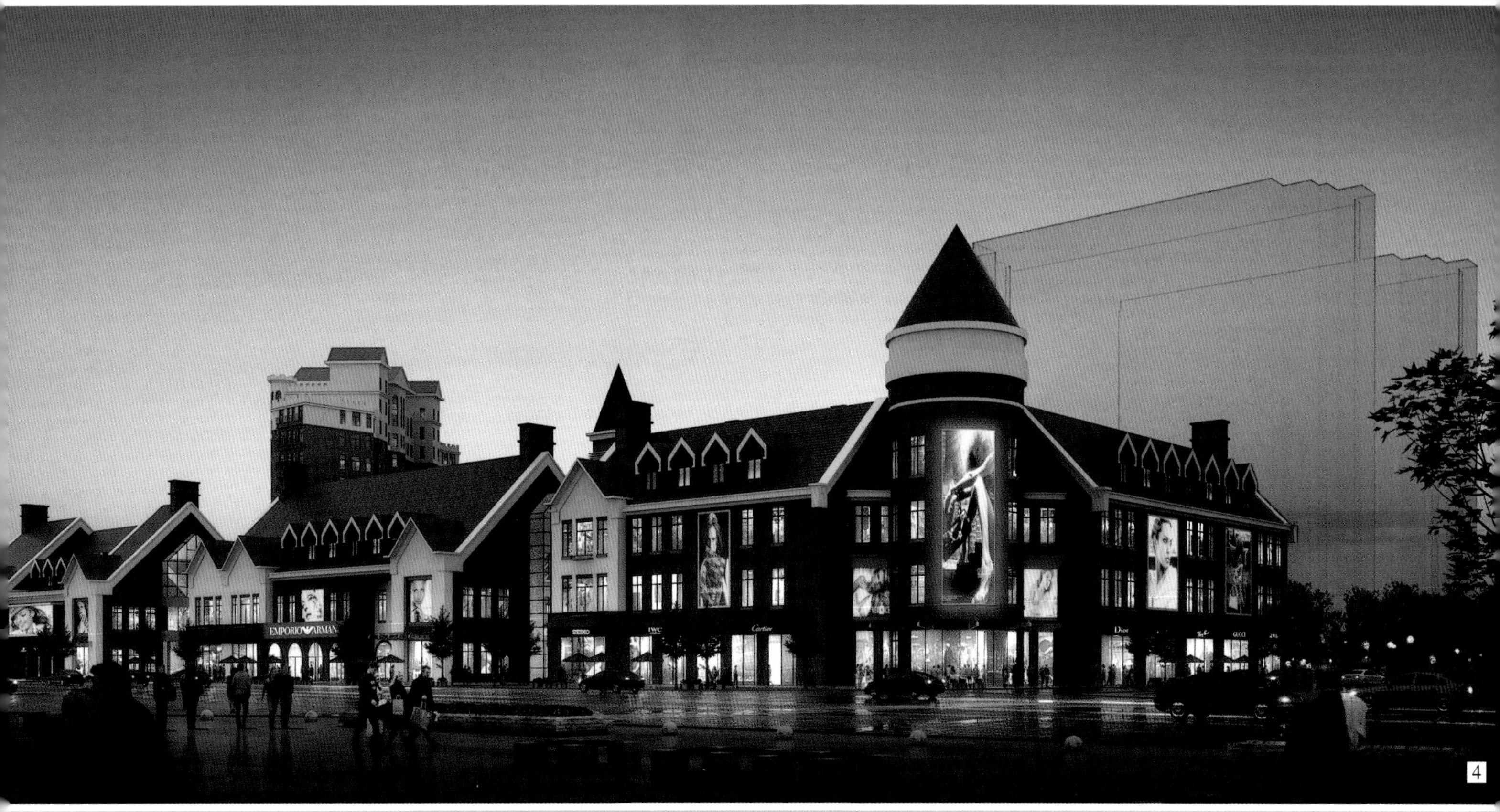

4

5

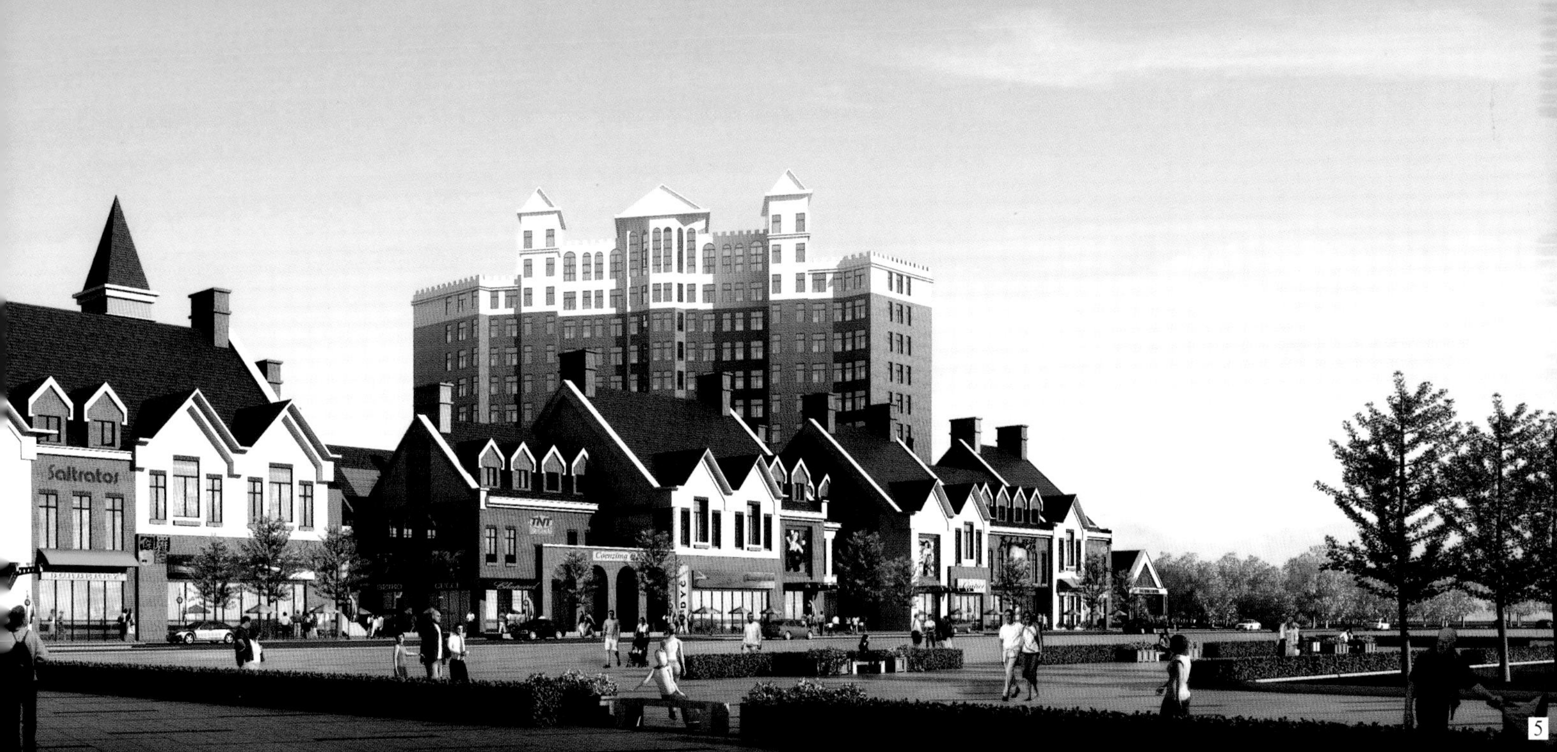

1 2 3 4 5 南宁国际商业贸易中心

设计：深圳筑之源
绘制：深圳筑之源

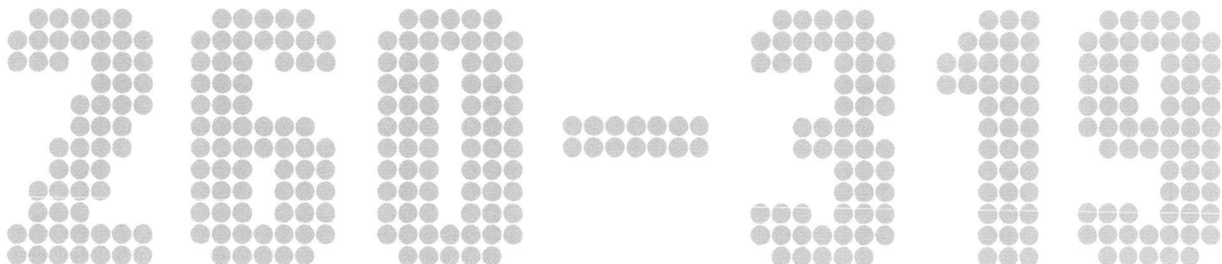
260-319

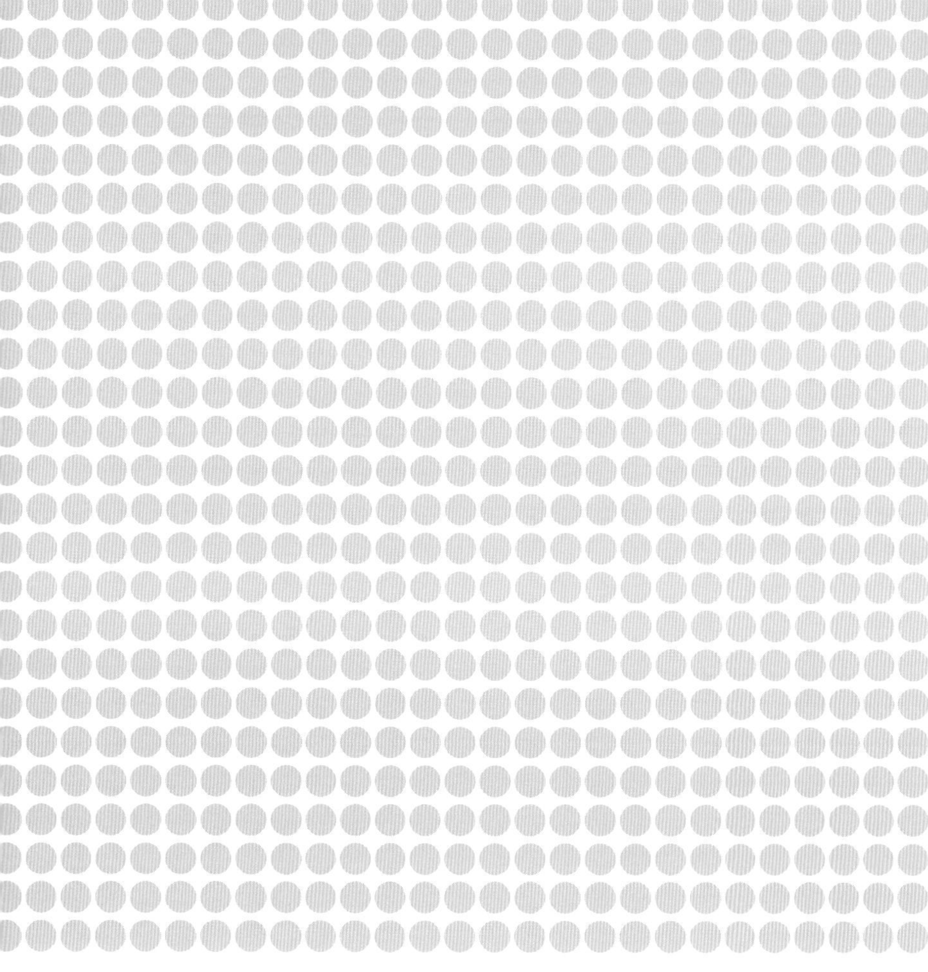

商业街
SHOPPING PEDESTRIAN
STREET
2014 建筑＋表现

1 2 CITY ISLAND

设计：丹麦 CORNELIUS+VÖGEAPS

2

1 嘉兴商业街

设计：美国 Jerde 建筑师事务所
绘制：丝路数码技术有限公司

2 光谷项目

绘制：丝路数码技术有限公司

3 木连廊

绘制：丝路数码技术有限公司

1

VACHERON CONSTANTIN
2

GUESS
Dior

SEASIDE
3

1 2 3 马来西亚规划

设计：马来西亚 KDJ 设计事务所

绘制：杭州重彩堂数字科技有限公司

1

4 5 张家界九龙汇水上娱乐

设计：鸿翼策划咨询设计有限公司

绘制：深圳市普石环境艺术设计有限公司

2

3

4

5

1 2 某社区
设计：艾城设计
绘制：丝路数码技术有限公司

3 宁波超级公寓
设计：MAO
绘制：丝路数码技术有限公司

4 海岛海岛中丝园
设计：悉地国际设计顾问（深圳）有限公司
绘制：丝路数码技术有限公司

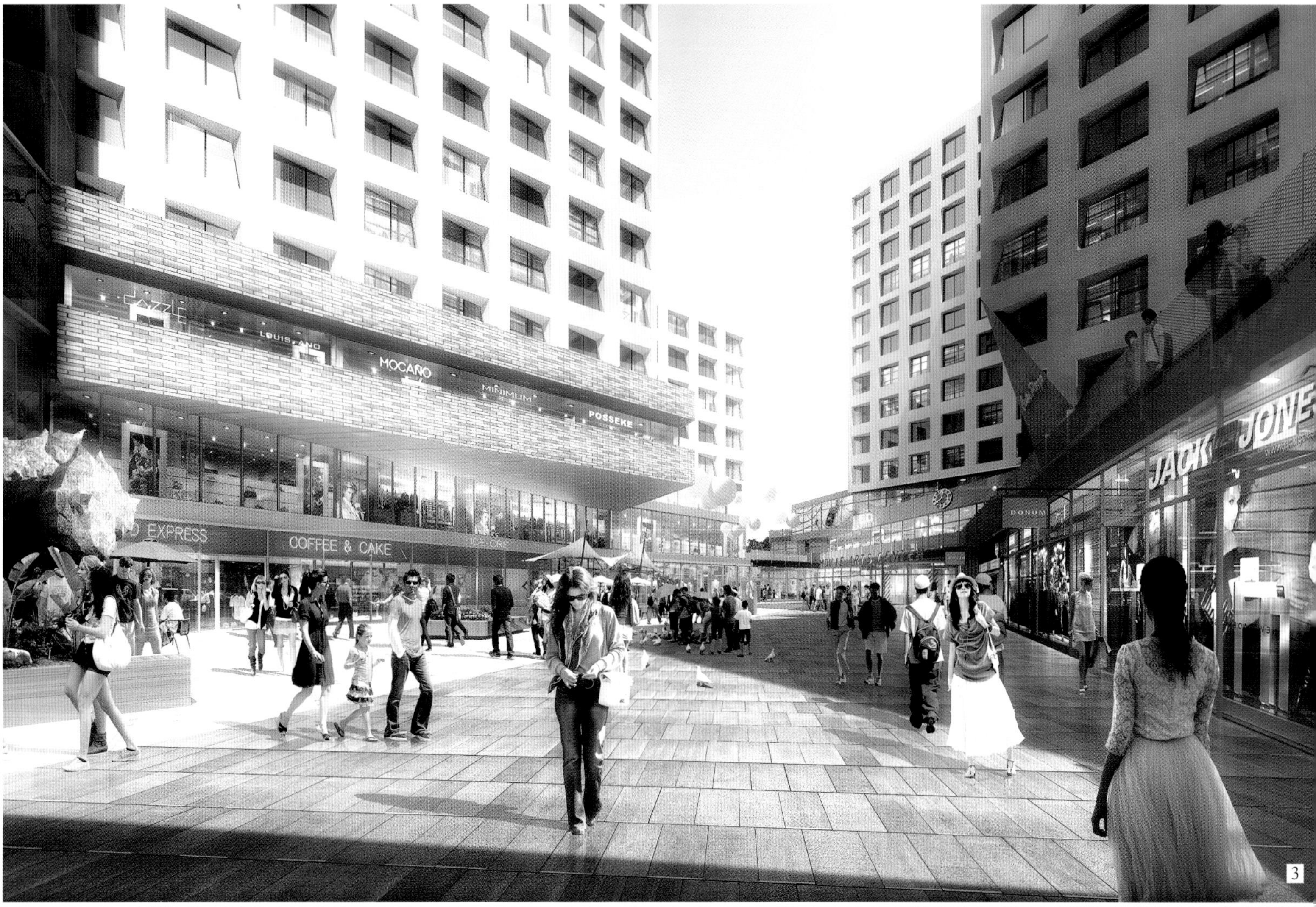

3

4

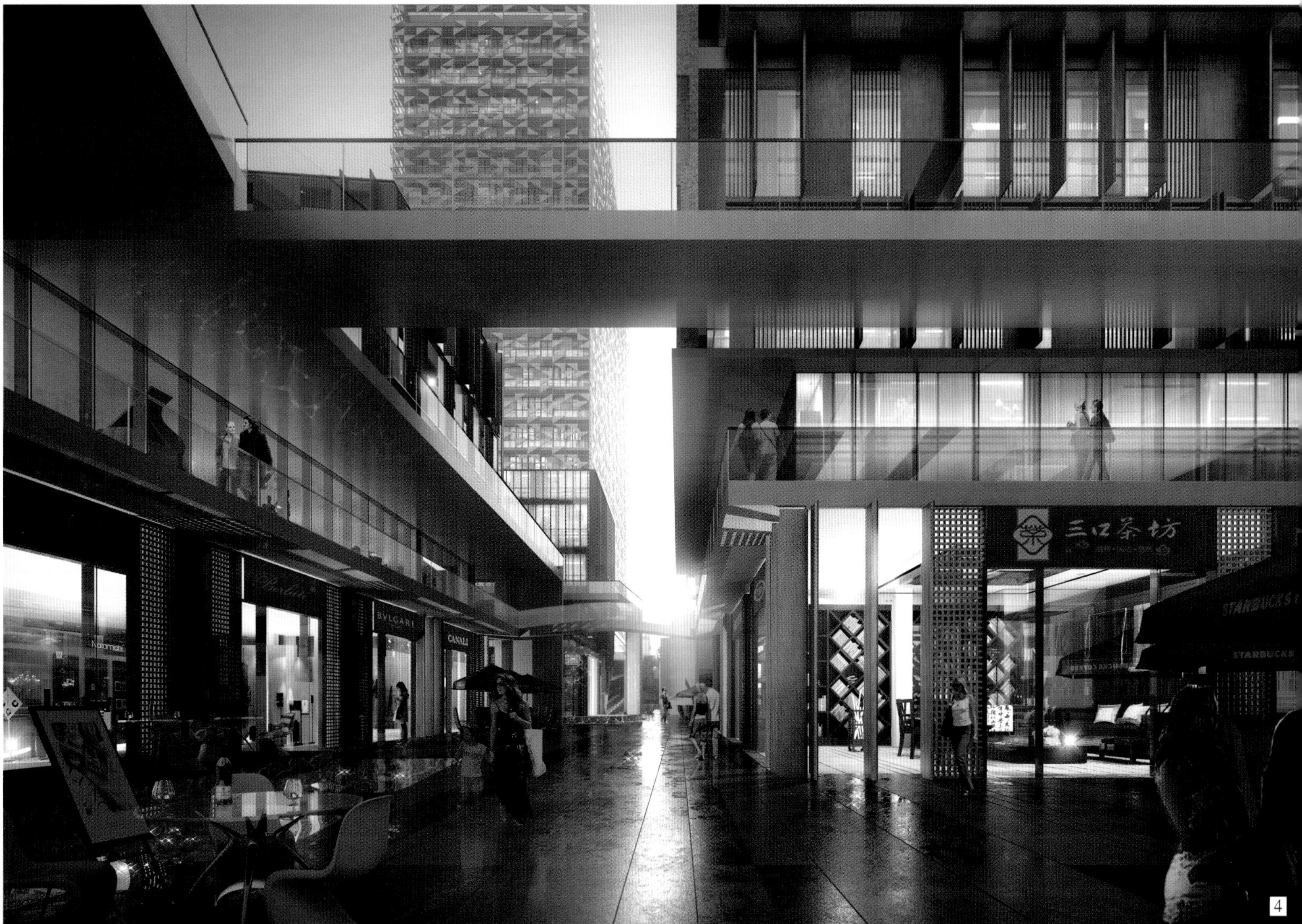

1

2

3

1 2 长航商业街

设计：开物建筑设计有限公司

绘制：武汉擎天建筑设计咨询有限公司

3 鼎盛华城二期

设计：武汉设计院一所

绘制：武汉擎天建筑设计咨询有限公司

4 商业

绘制：武汉擎天建筑设计咨询有限公司

5 某商业

绘制：南昌艺构图像

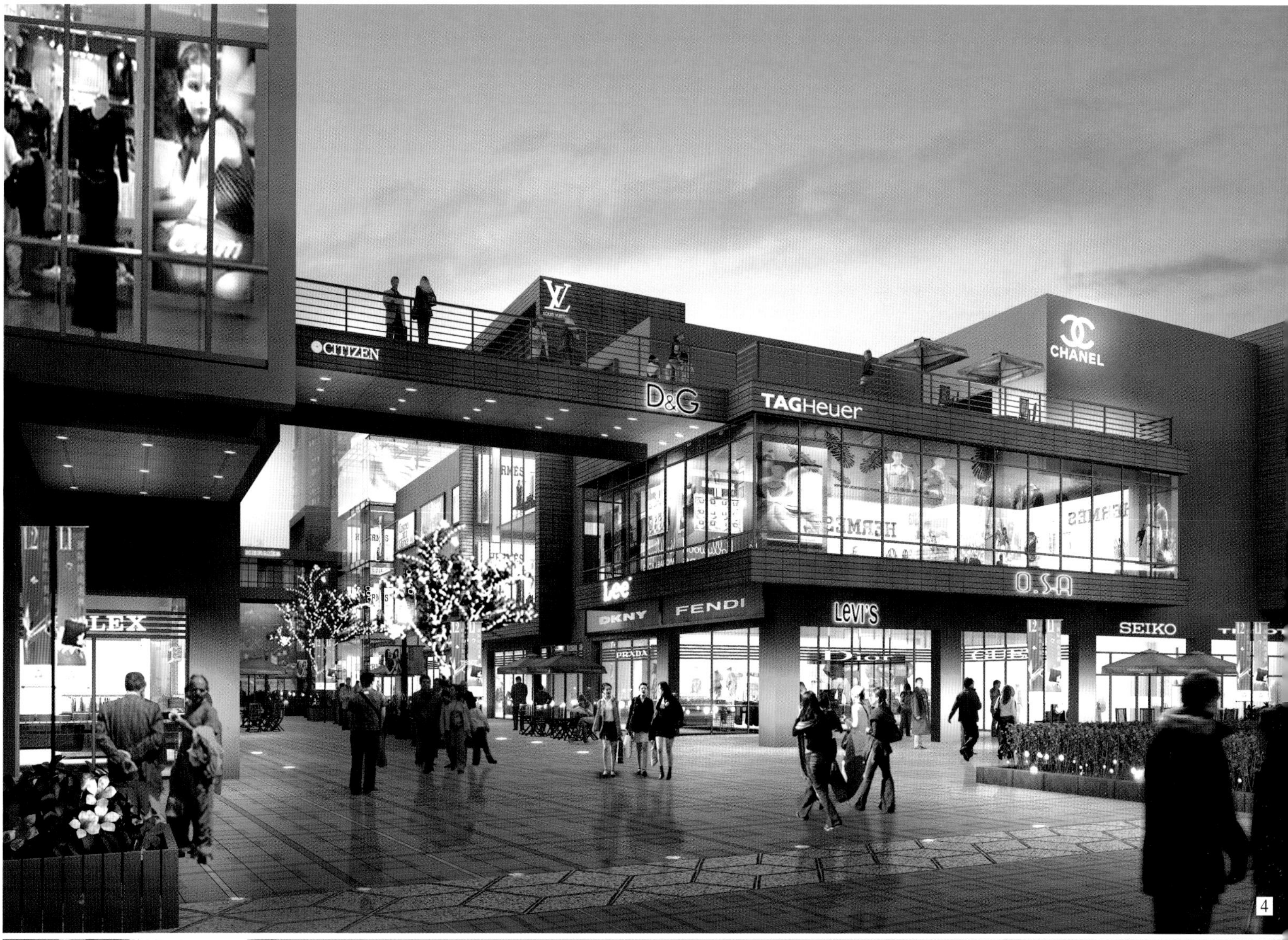
CITIZEN
D&G
TAGHeuer
CHANEL
Lee
DKNY
FENDI
Levi's
O.S.A
SEIKO

4

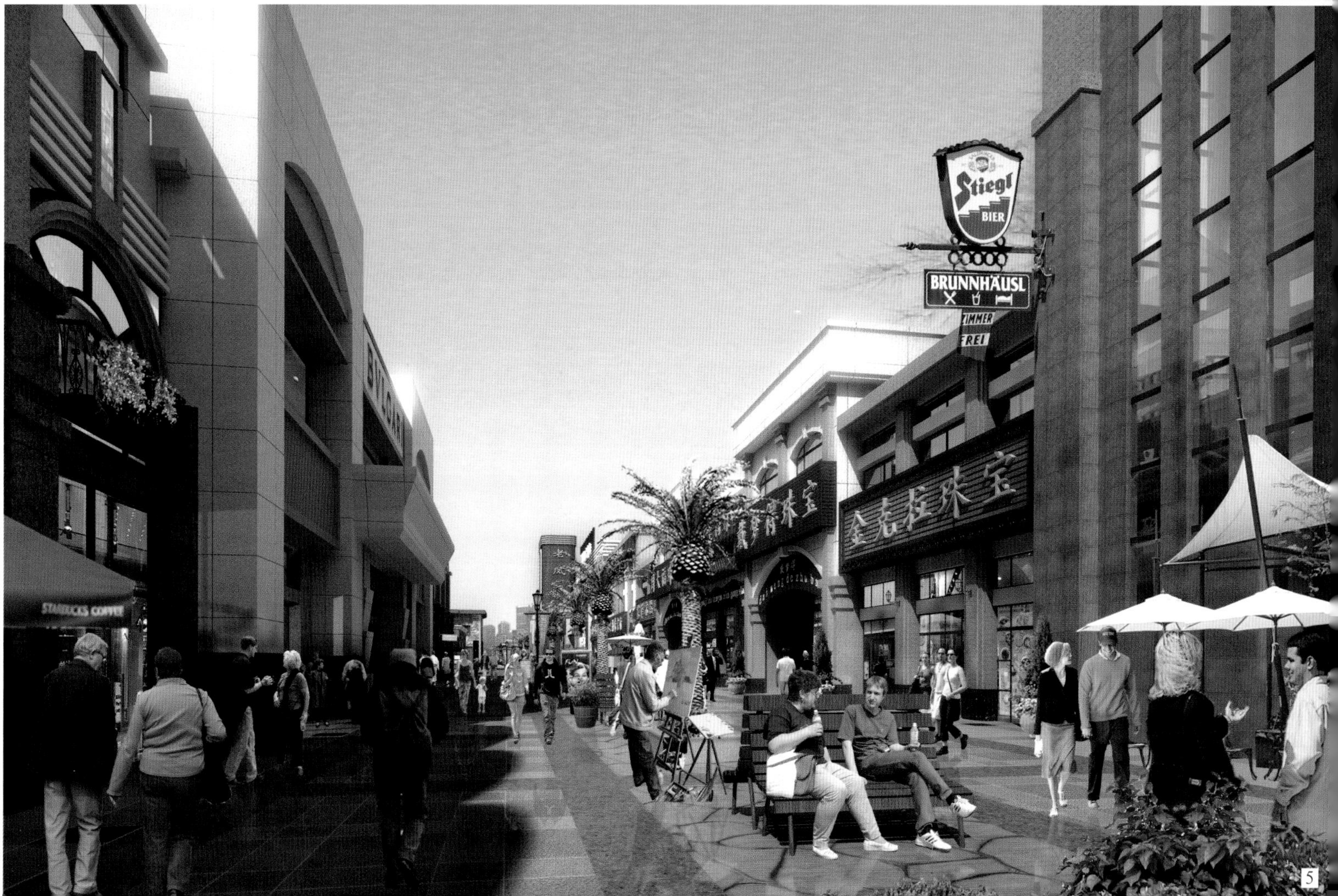
Stiegl
BIER
BRUNNHÄUSL
ZIMMER
FREI

5

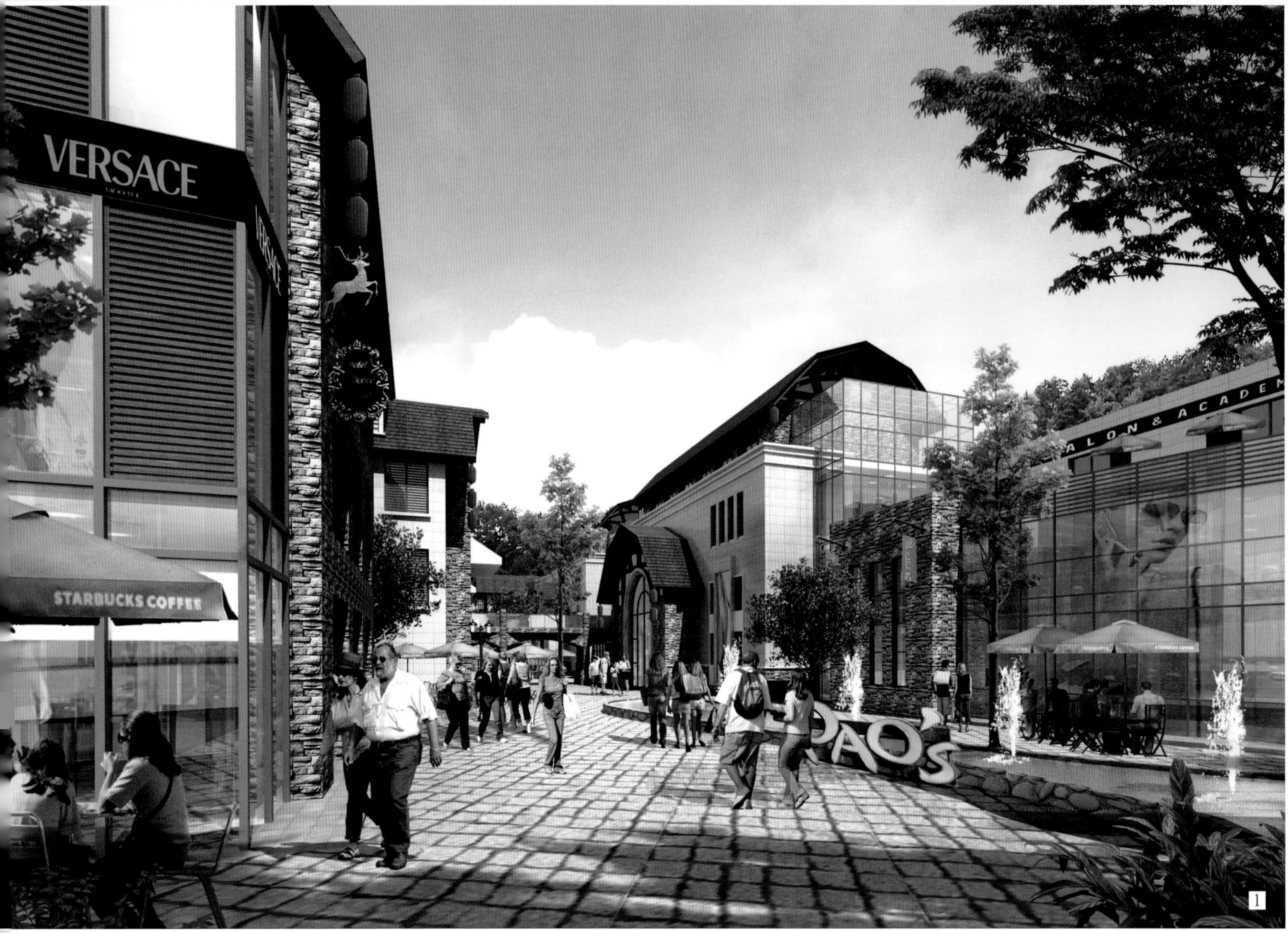

1

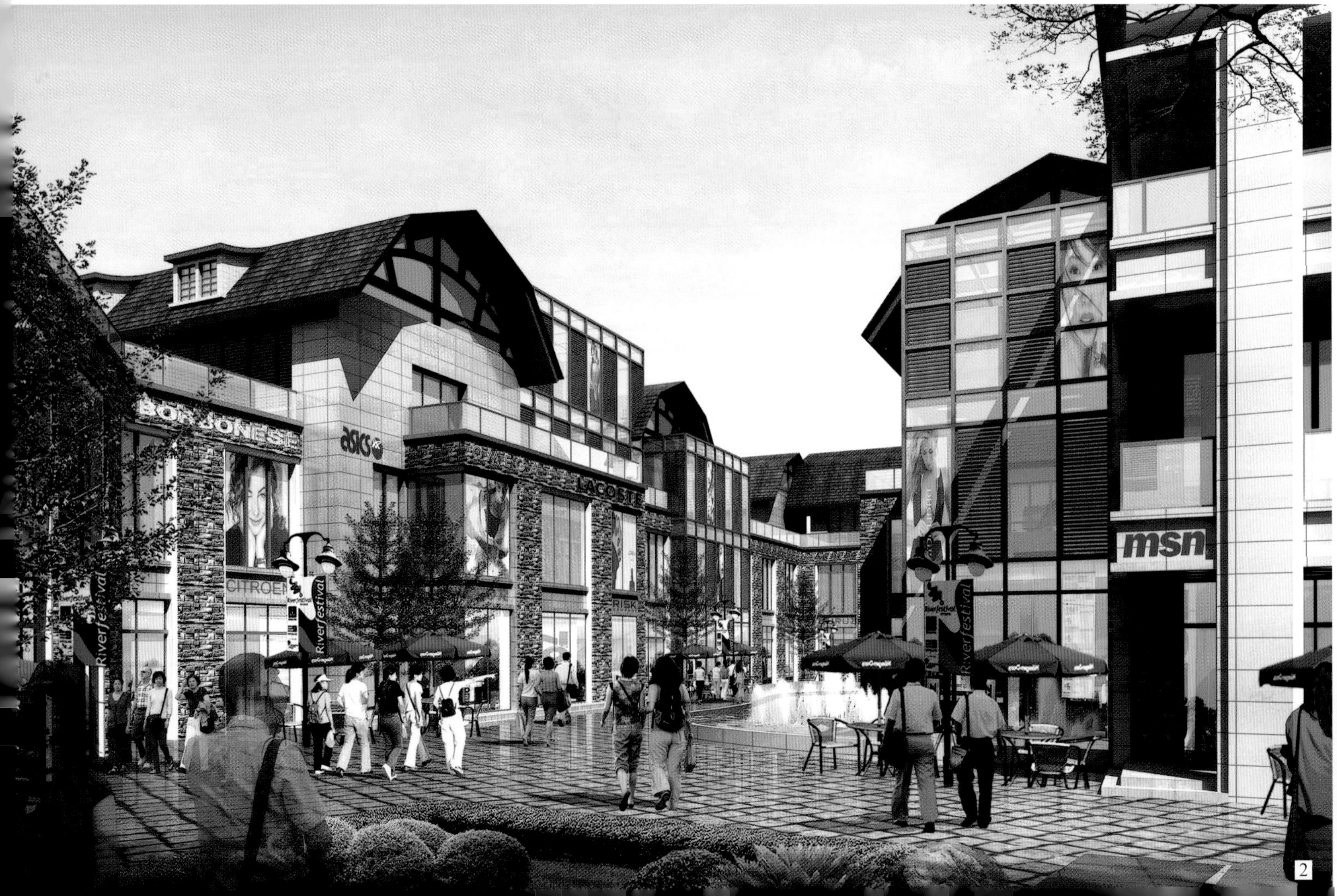

2

3

4

1 2 东辰仙海印象

设计：四川同轩建筑设计有限公司
绘制：绵阳瀚影数码图像设计有限公司

3 龙岩古田红色文化生态旅游城风情街

设计：程泰宁
绘制：上海艺筑图文设计有限公司

4 龙岗社区上圩、石湖、罗卜坝

设计：深圳市肯定建筑设计有限公司
绘制：深圳市普石环境艺术设计有限公司

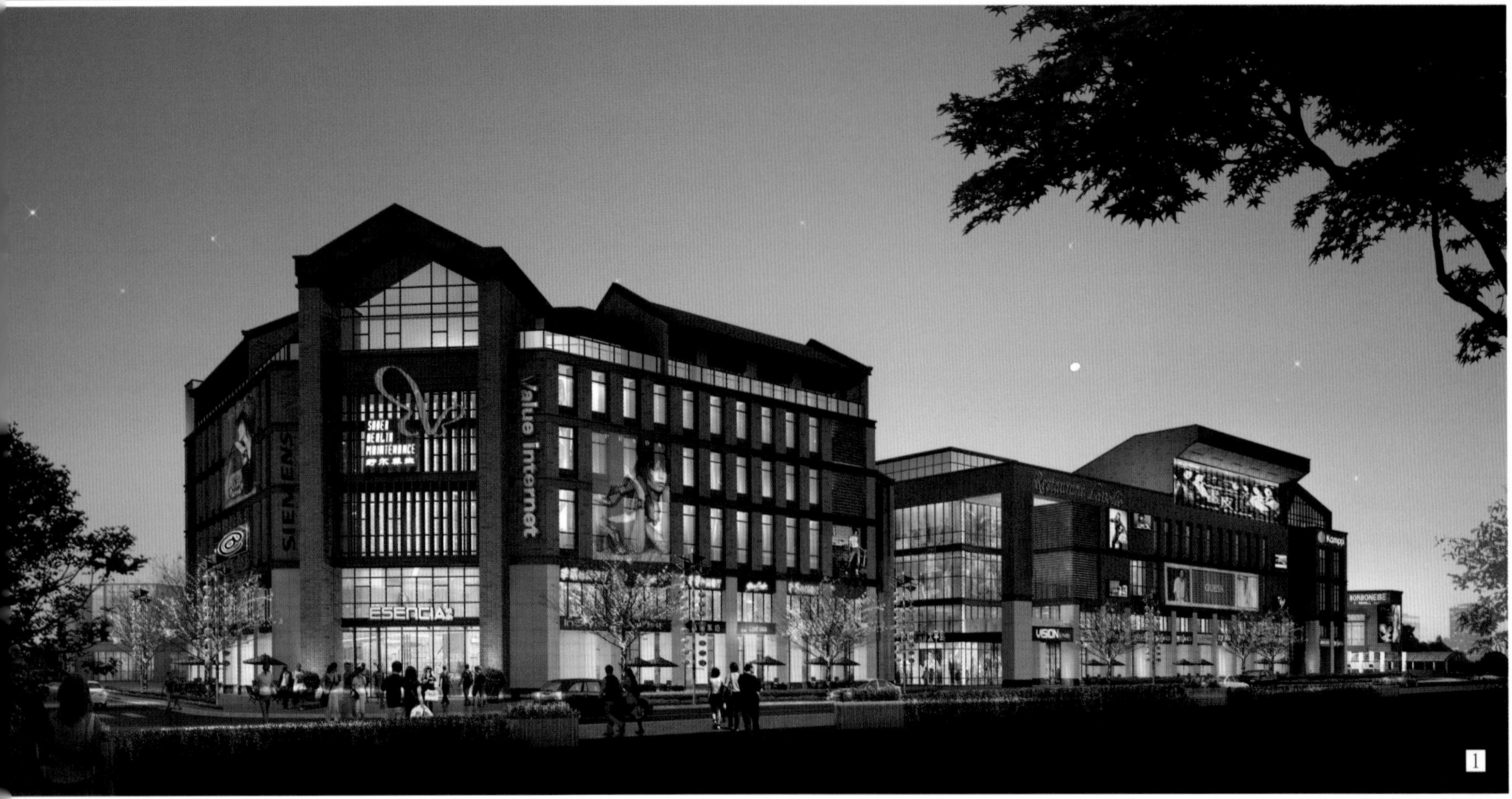

1

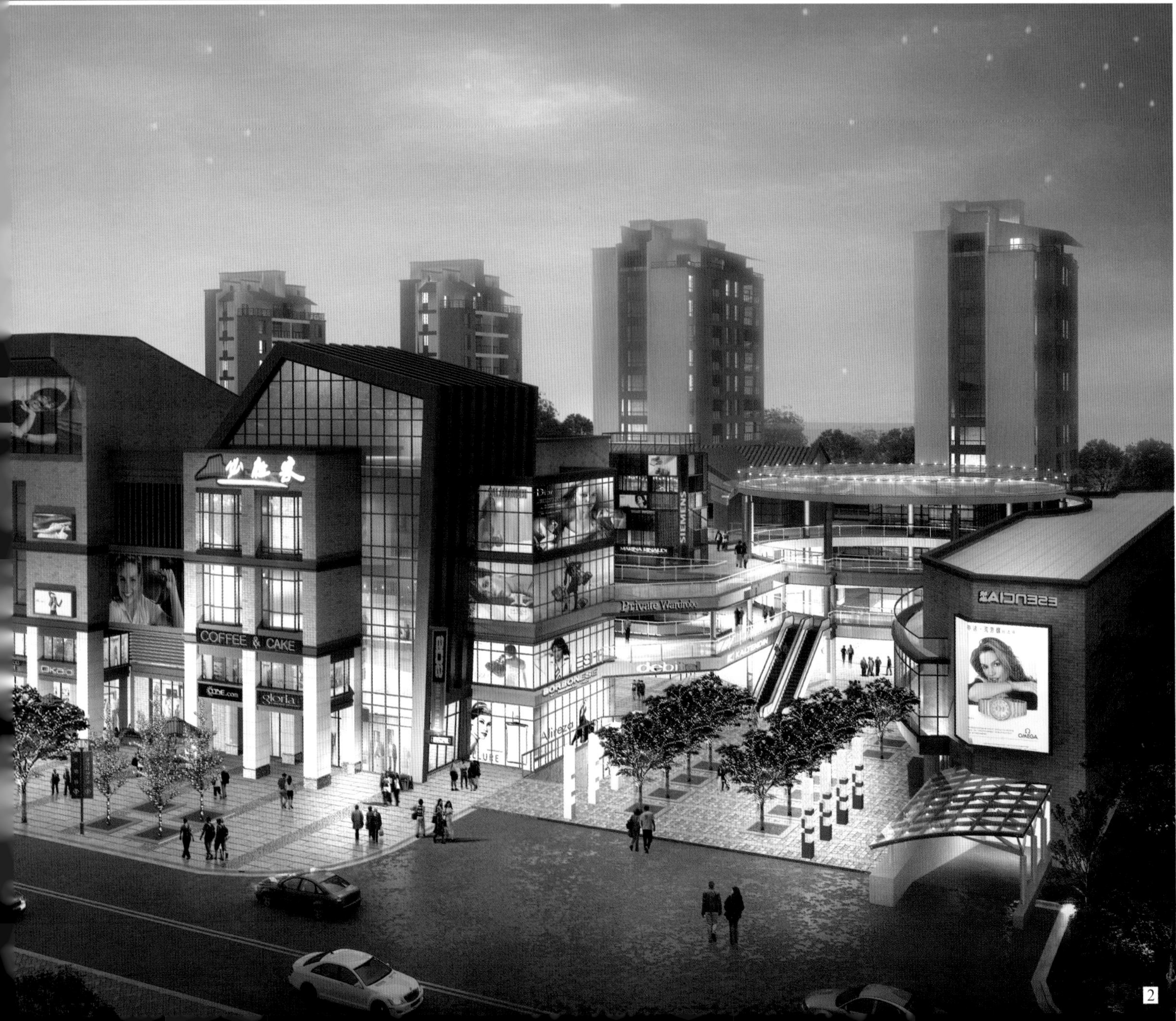

2

3

4

1 2 3 4 新丰

设计：宏正建筑设计院
绘制：杭州景尚科技有限公司

STARBUCKS COFFEE
HERMES PARIS
O·N·L·Y
HERMES
BOSS
BOUNDARIES
JEANS
BOUNDARIES
CHANEL
BOUNDARIES

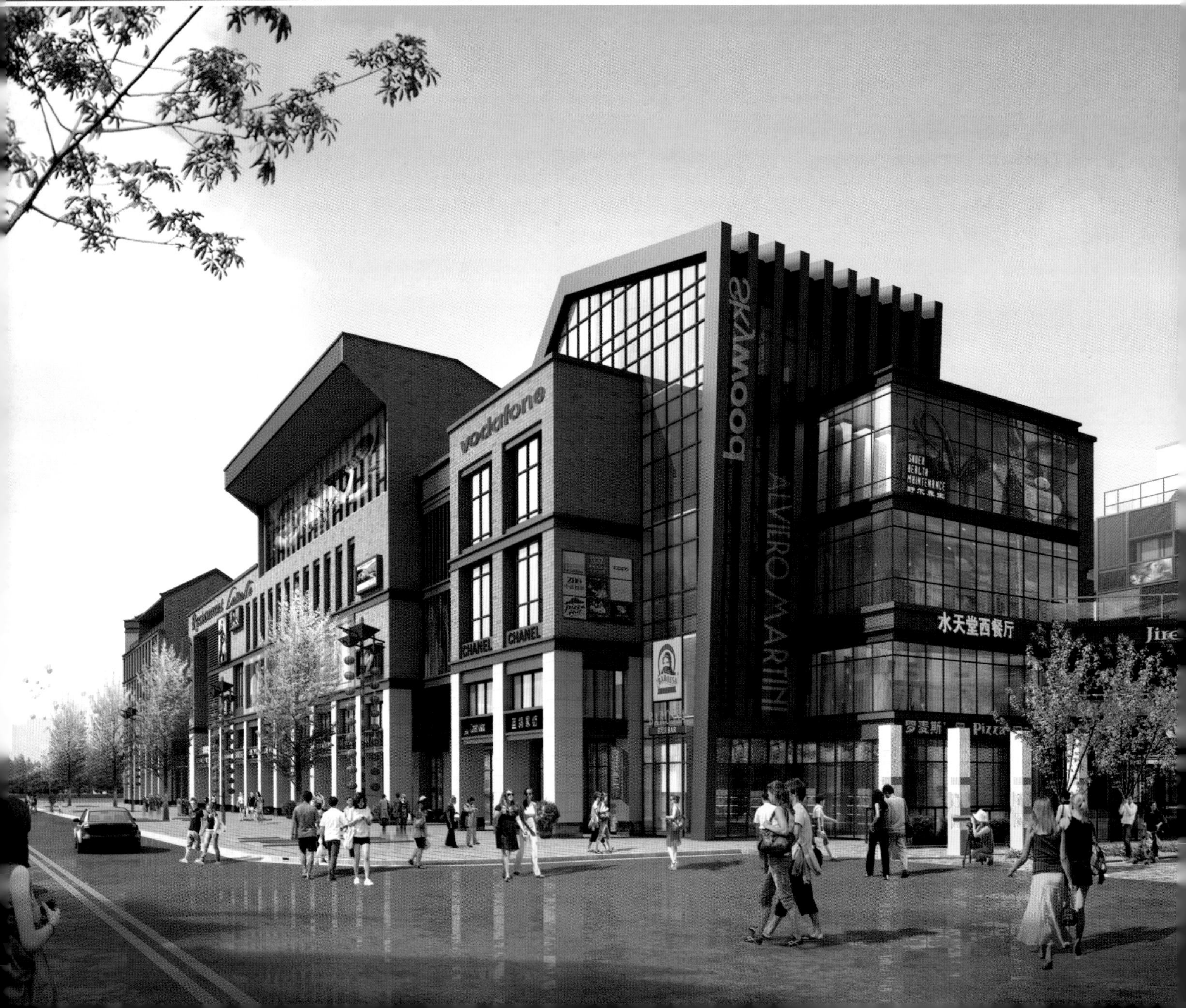

1

GUCCI
Dior

1 2 3 4 新丰
设计：宏正建筑设计院
绘制：杭州景尚科技有限公司

5 6 砂之船
设计：CCI
绘制：丝路数码技术有限公司

1

3

2

1 2 齐风古建规划
设计：淄博拓维建筑设计院
绘制：上海未落建筑设计咨询有限公司

3

3 4 5 舟山大丰古街
设计：舟山建筑规划设计研究院
绘制：杭州骏翔广告有限公司

4

5

2

3

1 2 3 4 铜陵旅游规划

设计：广州柏源建筑设计有限公司
绘制：深圳千尺数字图像设计有限公司

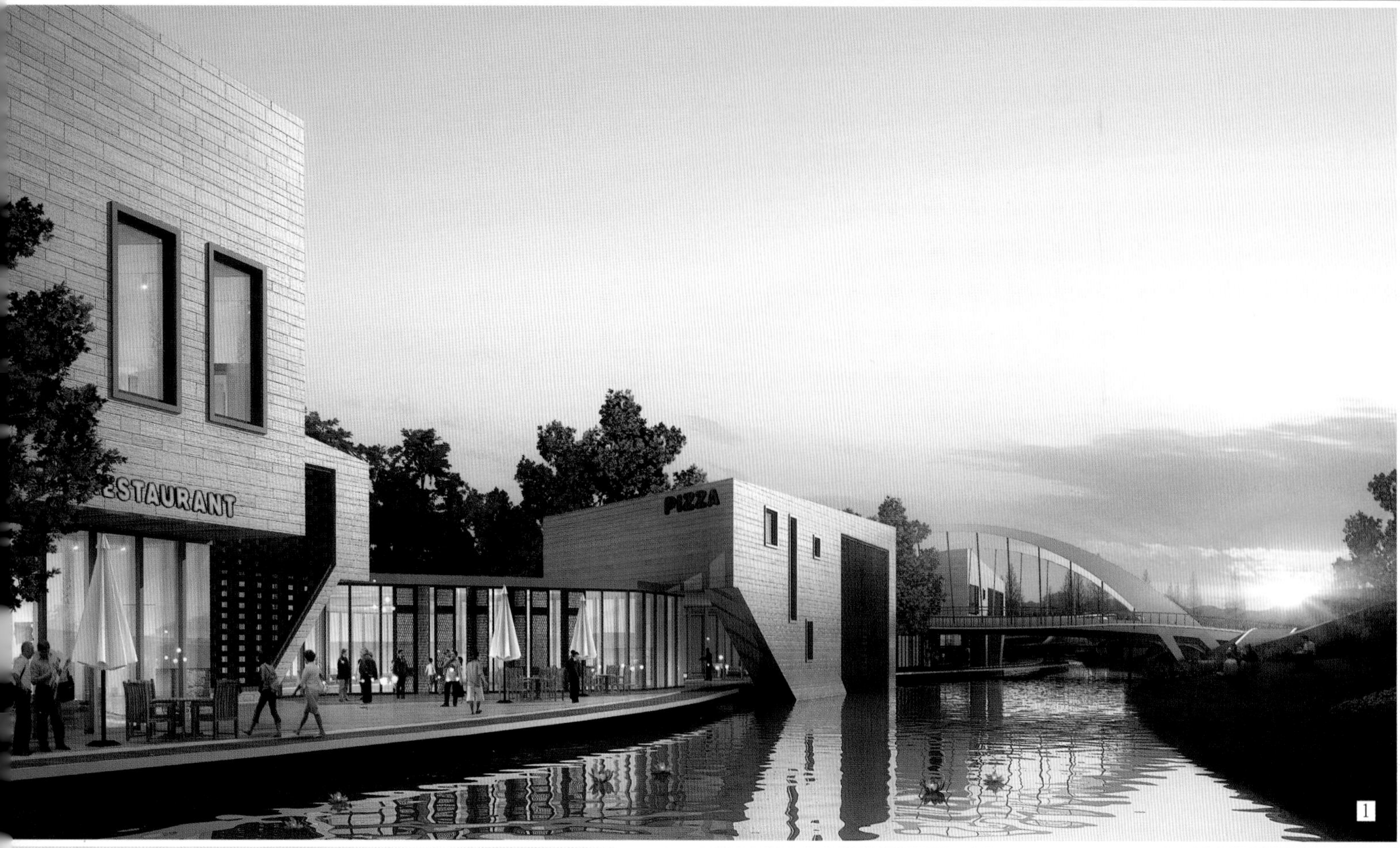

1

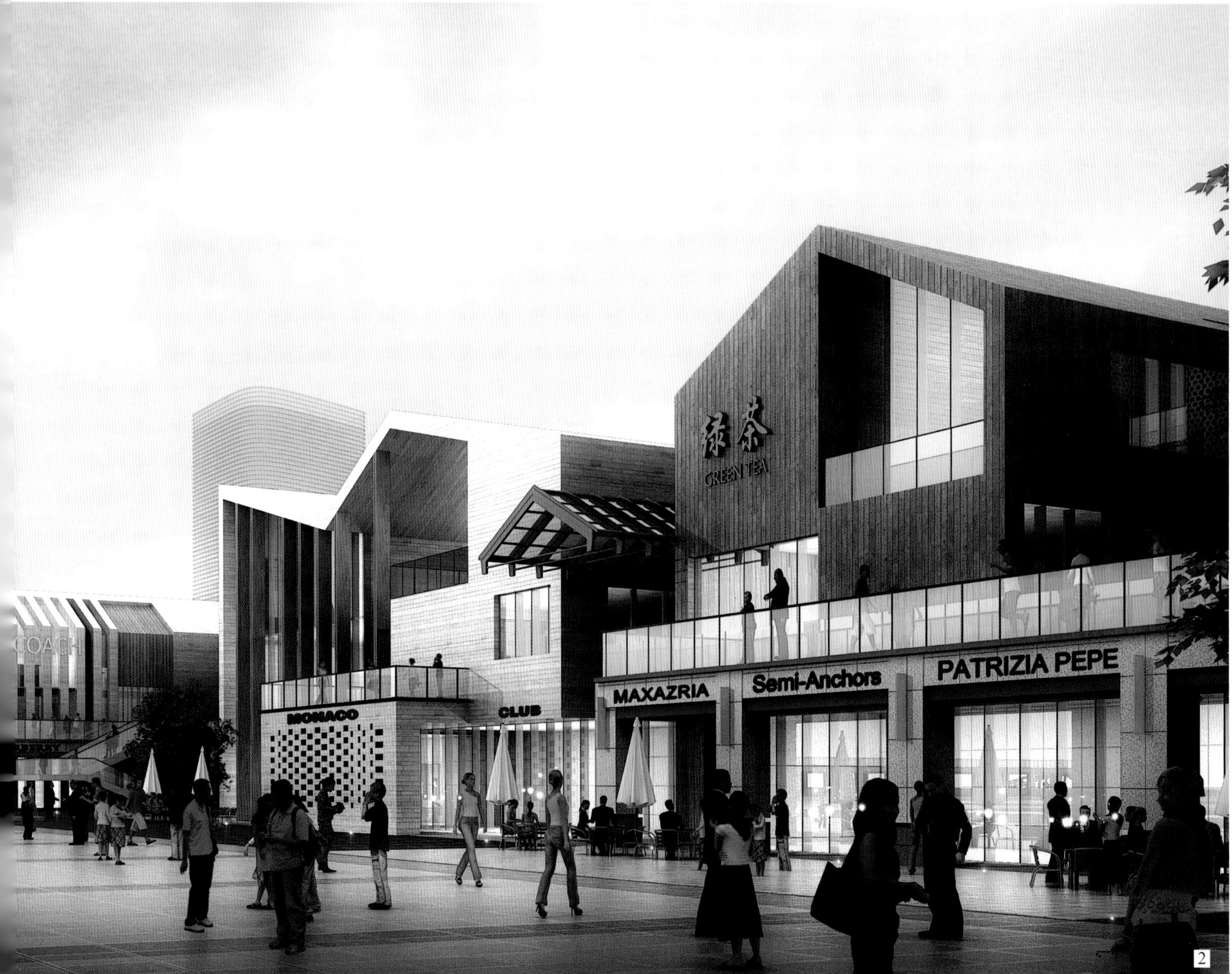

2

3

4

■1 新塘河商业改造

设计：新中环
绘制：杭州弧引数字科技有限公司

■2 意邦时代广场

设计：浙江安地
绘制：杭州弧引数字科技有限公司

■3 ■4 黄山新徽天地水区

设计：程泰宁
绘制：上海艺筑图文设计有限公司

1 汽车城规划博物馆

设计：中国建筑设计研究院
绘制：北京百典数字科技有限公司

2 罗城新区规划

设计：北京龙安华诚 — 分院
绘制：北京百典数字科技有限公司

3 东钱湖古建商业街

设计：鸿翔建筑
绘制：杭州弧引数字科技有限公司

5 安丘商业街

设计：深圳市建构建筑设计有限公司
绘制：深圳千尺数字图像设计有限公司

酒
WORLD
GRILL
BOSS
FENDI
FERRE
Dior
COFFEE

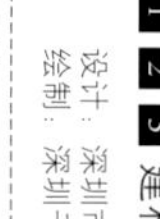

1 2 3 建材城

设计：深圳市建构建筑设计有限公司

绘制：深圳千尺数字图像设计有限公司

4 5 芜湖商业街

设计：深圳承构建筑咨询有限公司

绘制：深圳千尺数字图像设计有限公司

1

2

3

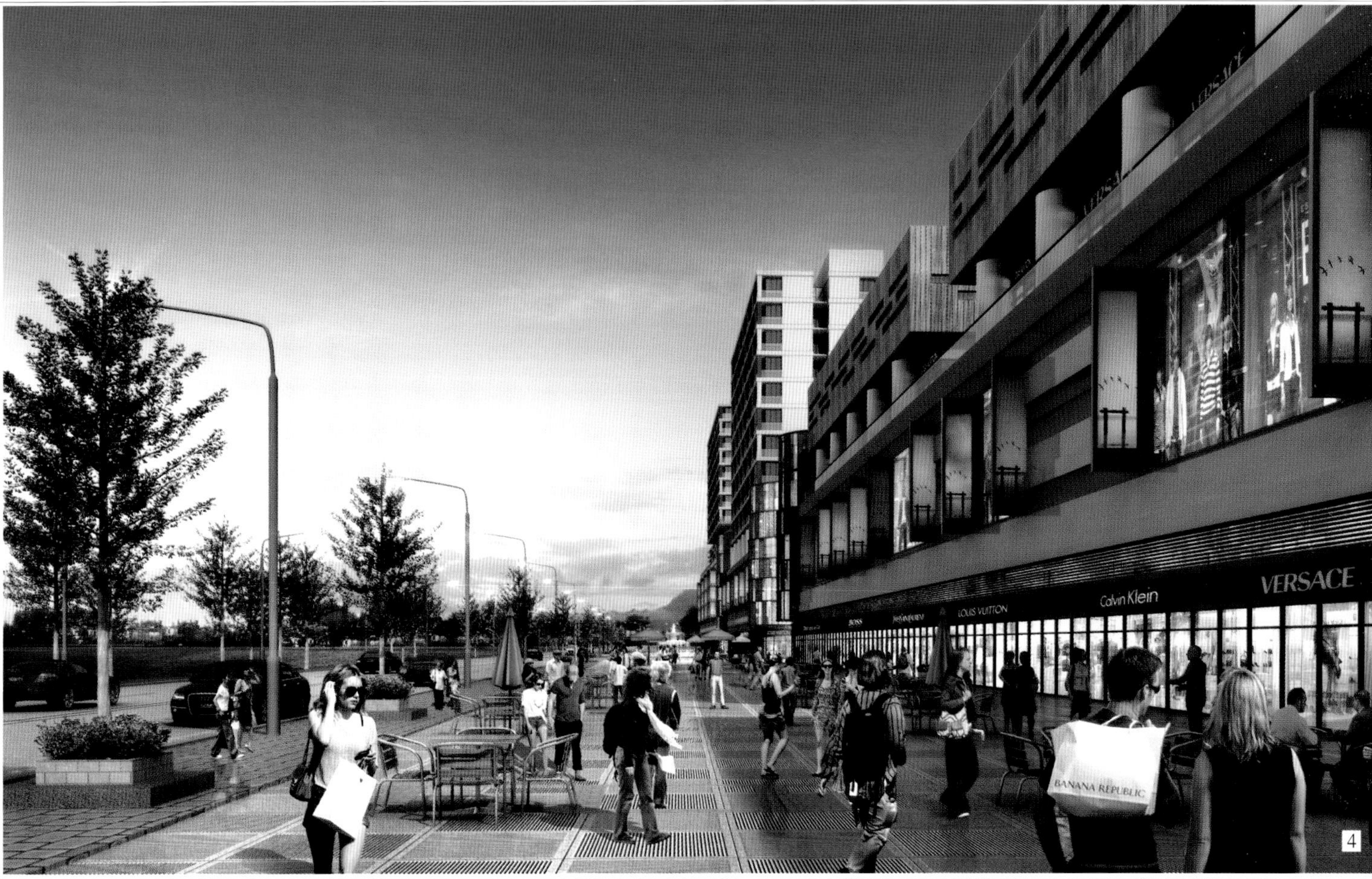
BOSS
LOUIS VUITTON
Calvin Klein
VERSACE
BANANA REPUBLIC
4

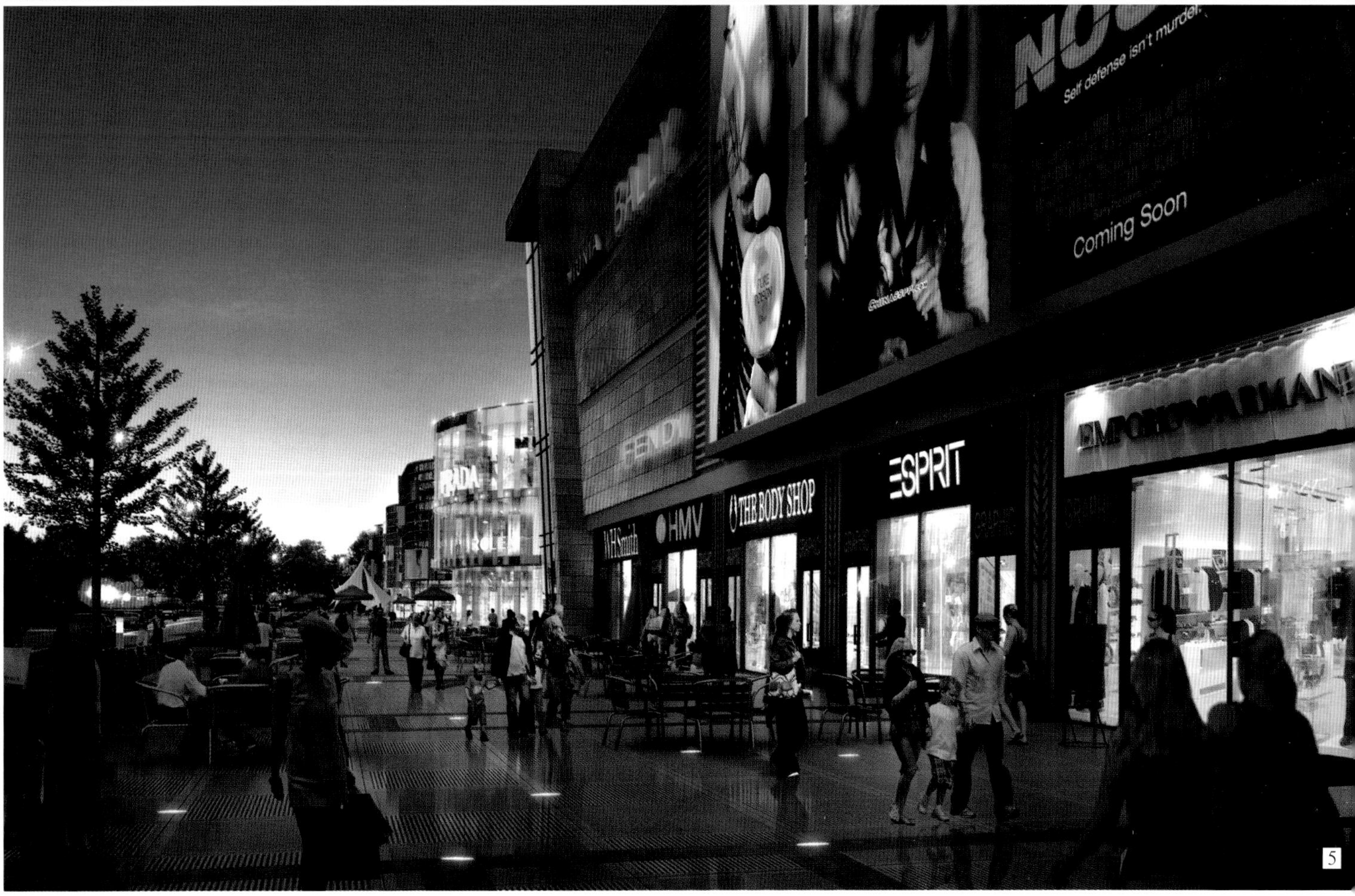
Self defense isn't murder.
Coming Soon
PRADA
FENDI
W.H.Smith
HMV
THE BODY SHOP
ESPRIT
EMPORIO ARMANI
5

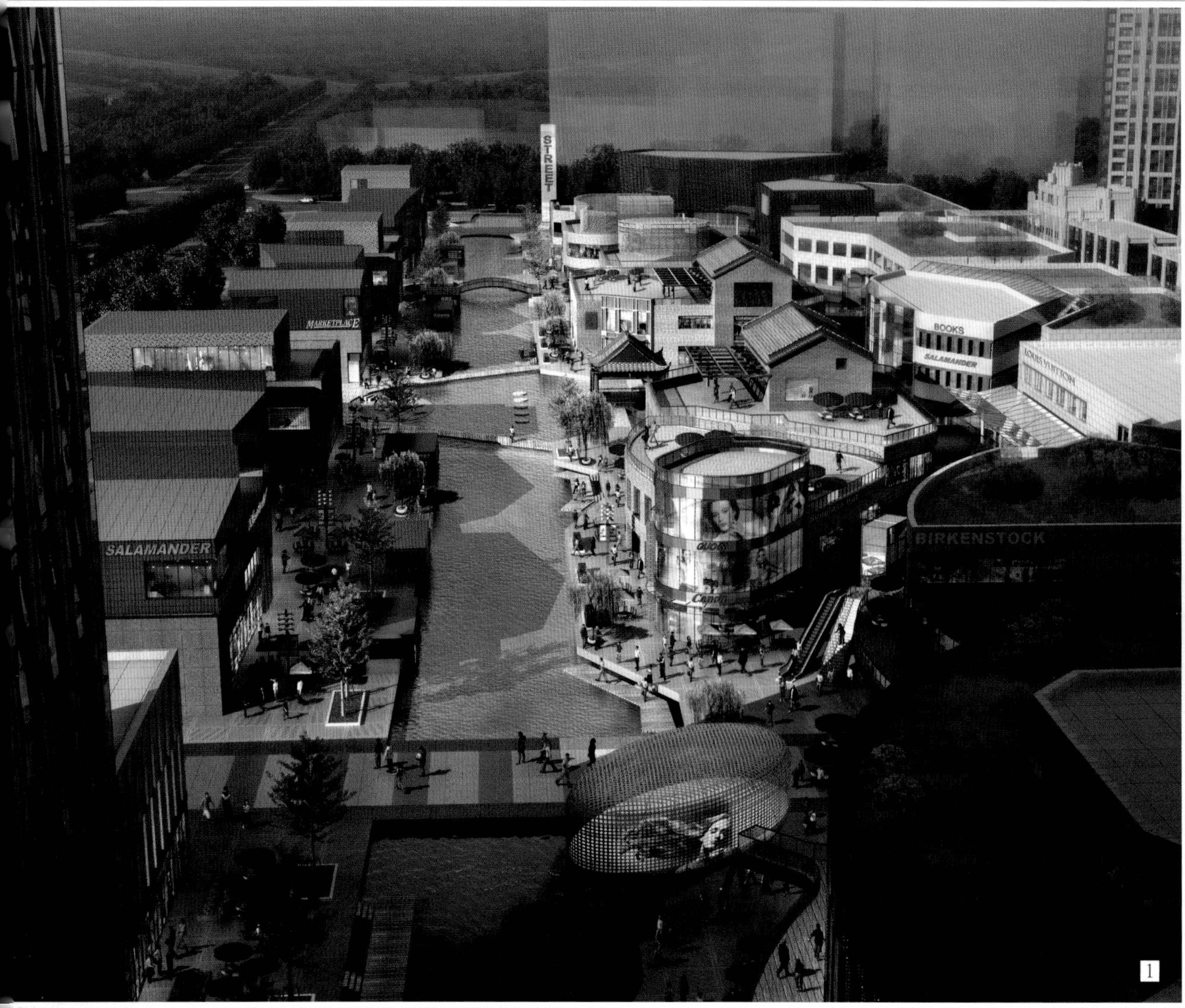

1

3

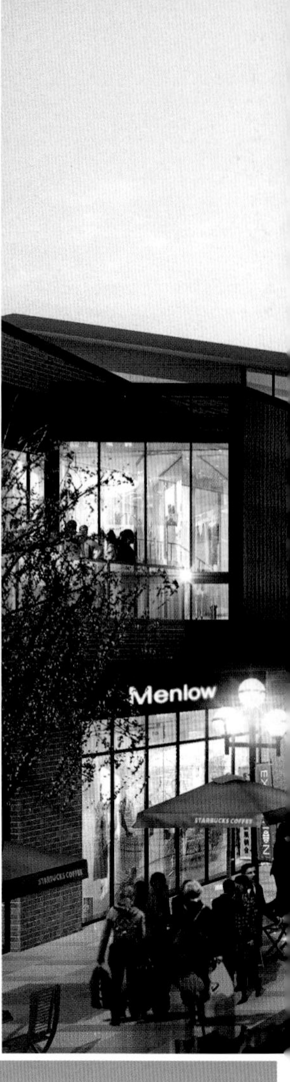

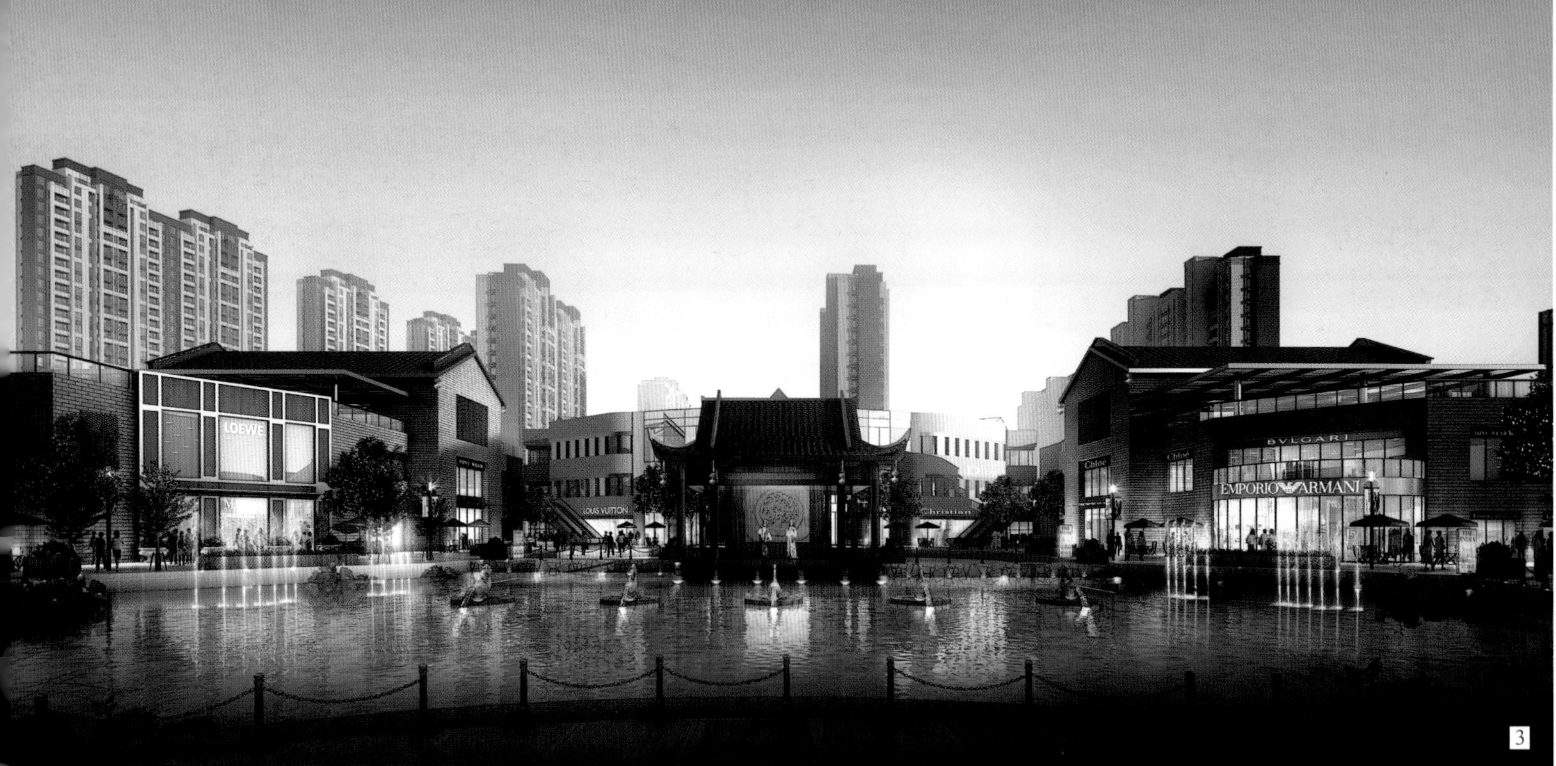

1 2 3 4 联创某水街

设计：上海联创建筑设计有限公司
绘制：上海携客数字科技有限公司

2

4

1

2

3

1 2 3 4 联创某水街

设计：上海联创建筑设计有限公司
绘制：上海携客数字科技有限公司

5 思纳宁乡商业街

设计：美国思纳史密斯设计
绘制：成都上润图文设计制作有限公司

4

5

1

2

3

4

1 2 3 4 5 信阳家俱城

设计：北京住宅建筑设计有限公司
绘制：深圳市原创力数码影像设计有限公司

5

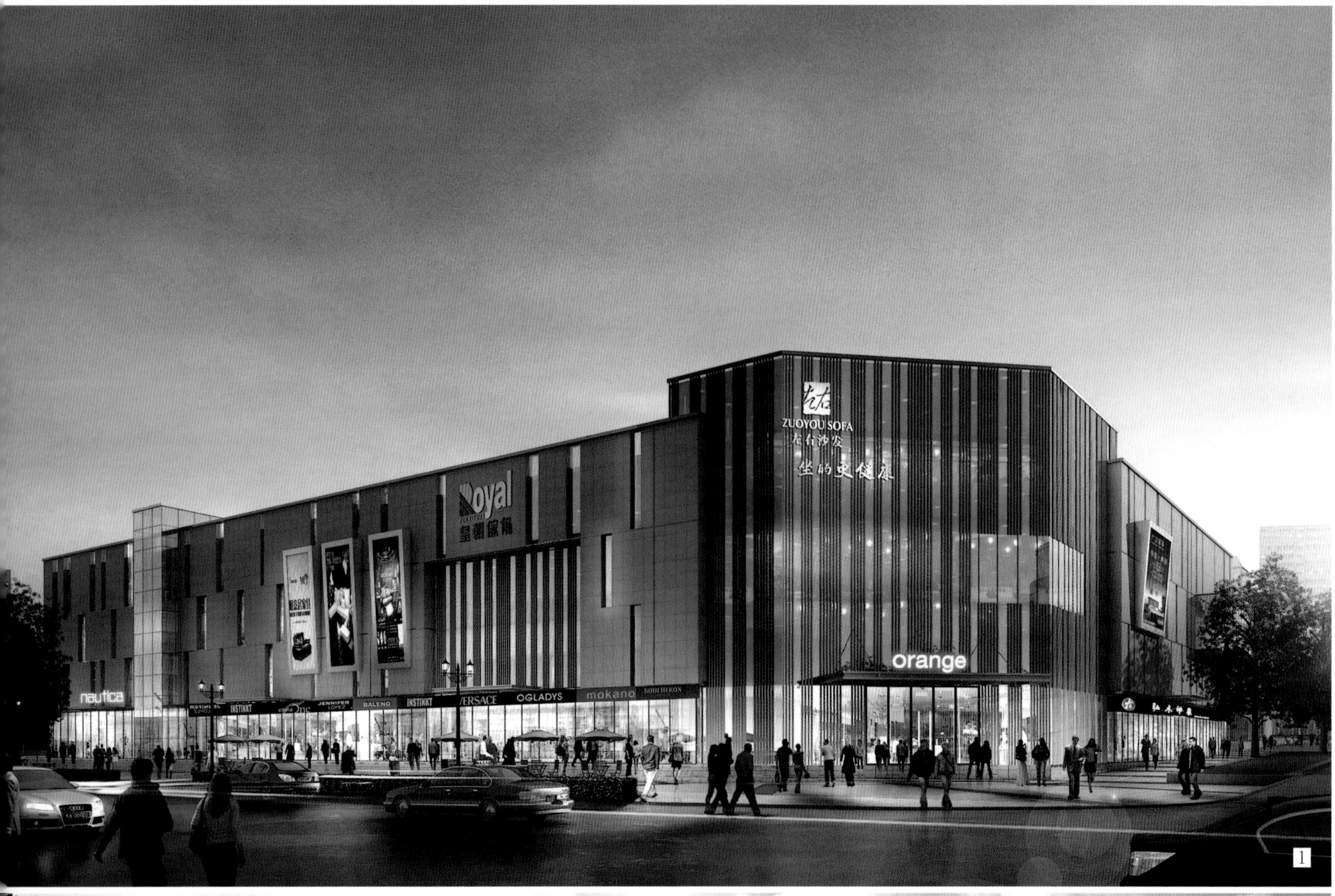

1

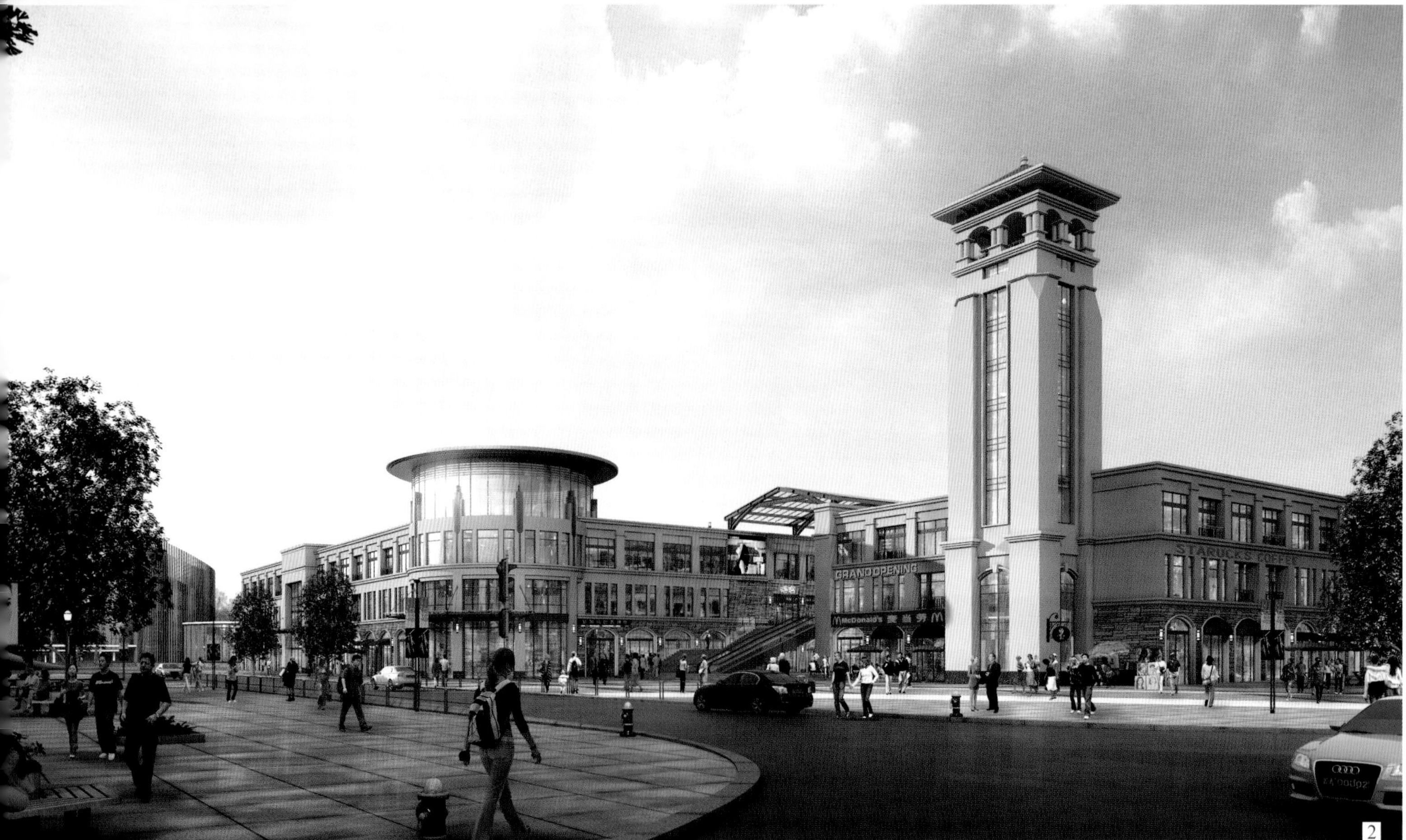

2

1 2 3 4 5 信阳家俱城

设计：北京住宅建筑设计有限公司
绘制：深圳市原创力数码影像设计有限公司

SIEMENS
TAXI
3

信阳国际家居产业小镇
xinyang houseware industrial base
SIEMENS
4

5

1

2

3

1 2 信阳家俱城

设计：北京住宅建筑设计有限公司
绘制：深圳市原创力数码影像设计有限公司

3 三门峡项目

设计：四川国恒建筑设计一所
绘制：成都上润图文设计制作公司

4 5 长临河

设计：深圳市建筑设计研究总院有限公司
绘制：深圳市深白数码影像设计有限公司

大泽坊
茶

4

5

1 2 3 黄岩水街

设计：上海半间建筑设计有限公司
绘制：上海携客数字科技有限公司

4 5 太原钟鼓楼

设计：上海济景建筑设计有限公司
绘制：上海艺筑图文设计有限公司

1 泰州某商业街

设计：A-LEEST 建筑设计
绘制：光辉城市　陈禹

2 武汉青山建设二路项目

设计：武汉中合元创建筑设计有限公司
绘制：深圳长空永恒数字科技有限公司

3 四川大英玉峰镇项目

设计：中外建筑设计
绘制：成都上润图文设计制作公司

4 广州中心知识城概念规划

设计：大者旅游策划
绘制：成都上润图文设计制作有限公司

1

JTA
JTA
2

Dior
LOUIS VUITTON
Budweiser
3

Tropicana
Tropicana
COACH
4

VUITTON
PLACE
BASIC MOTO SHANEL
LOUIS VUITTON
BASIC
SHANEL
PANASONIC
YAMAHA
LOREAL
1

MAYBE YAMAHA
FETISH
AUBS MAYBE
NOKIA SONY
PLACE
YAKKA
2

SHANEL
BASIC
YAKKA
3

4

5

6

1 2 3 某商业街

设计：A—LEEST 建筑设计
绘制：光辉城市　陈禹

4 5 6 水西村

设计：上海鼎实建筑设计有限公司
绘制：上海艺筑图文设计有限公司

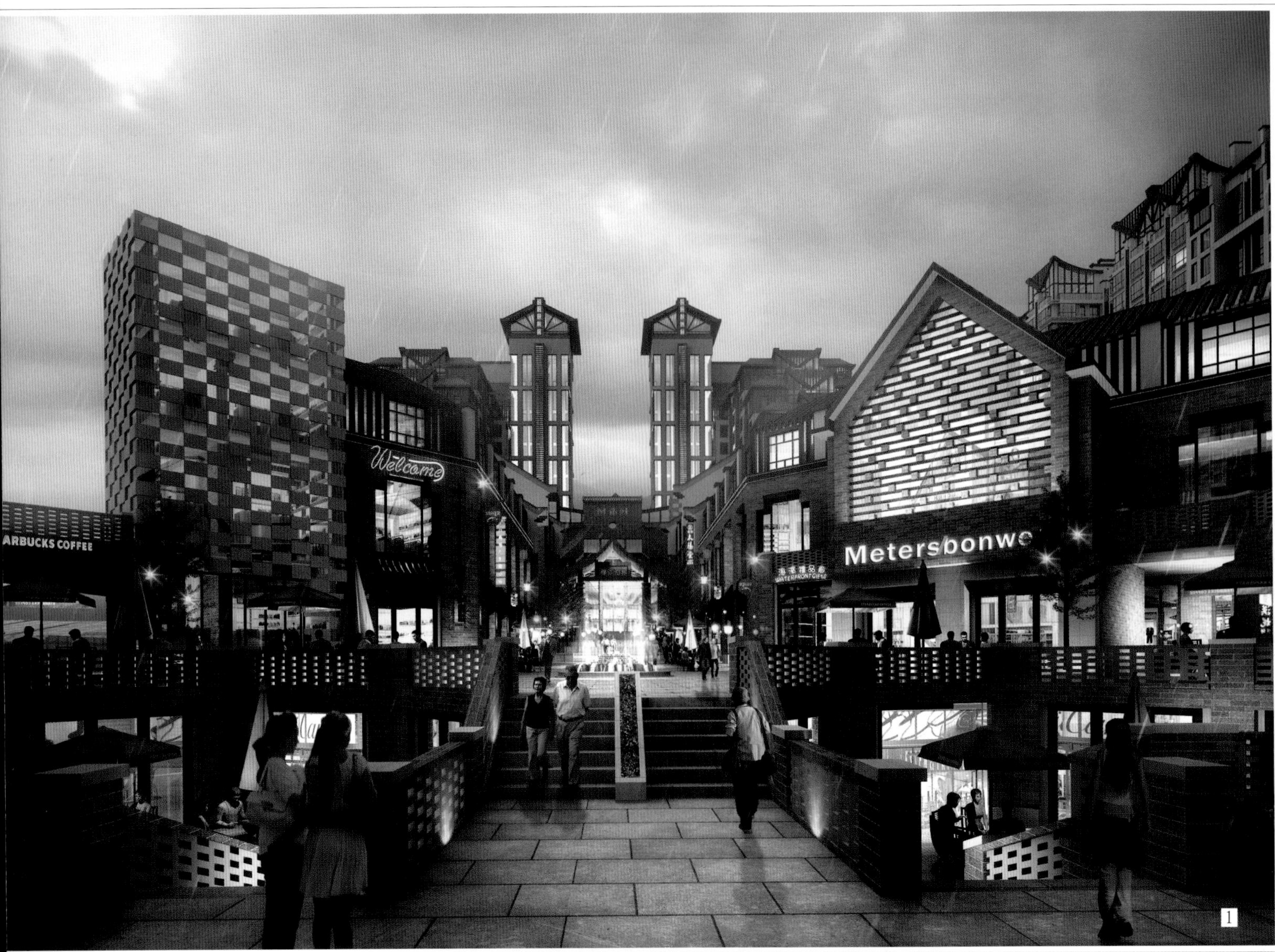

1

2

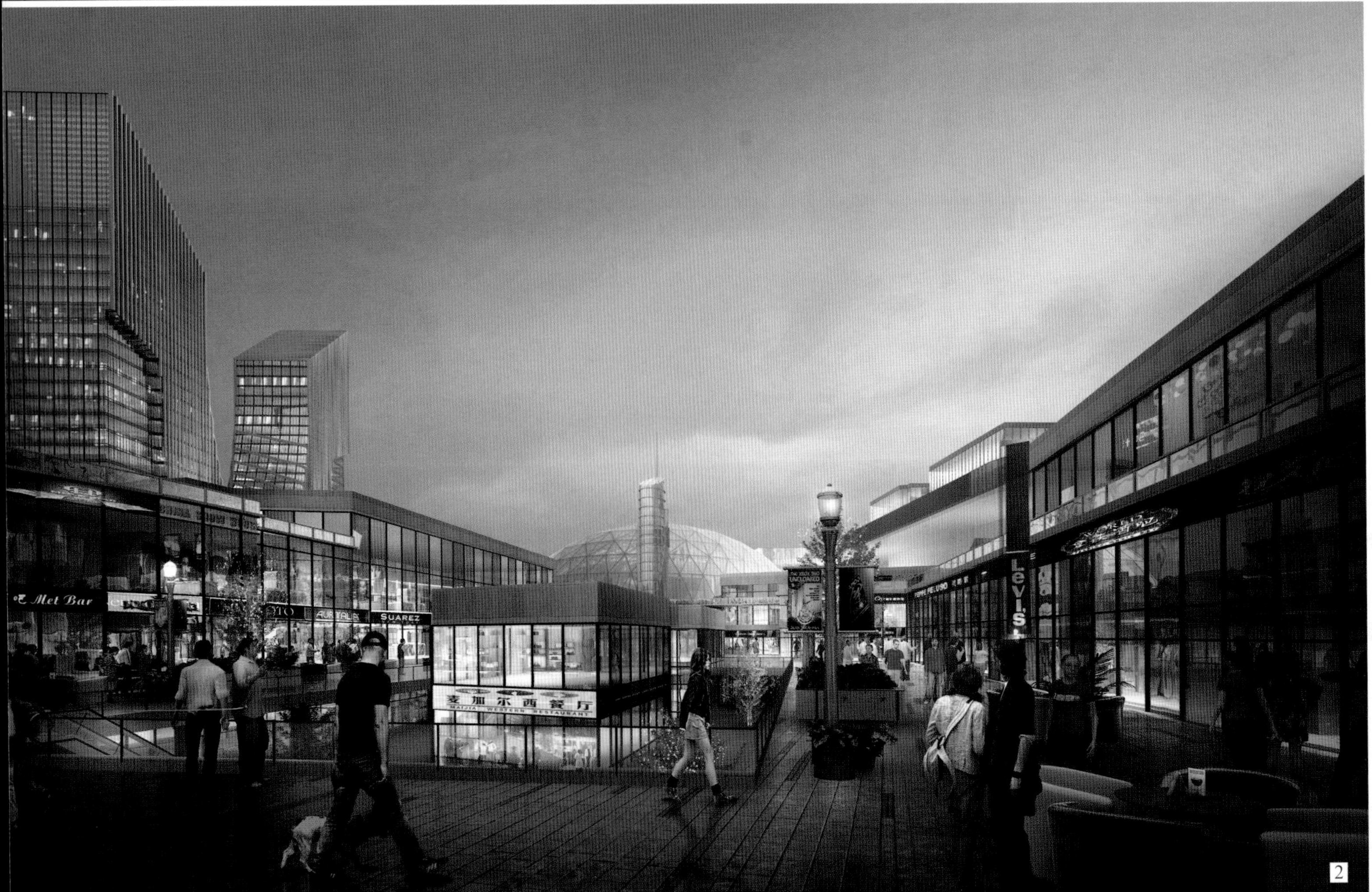

3

4

1 荔波樟江部落二期

设计：美国万脉设计集团
绘制：深圳市水木数码影像科技有限公司

2 温馨家园商业街

设计：广东省建筑设计总院
绘制：深圳市水木数码影像科技有限公司

3 **4** 金城国际

设计：南大二所
绘制：南昌艺构图像

1 成都川棉商业街

设计：方略建筑设计有限责任公司
绘制：北京图道数字科技有限公司

2 建发鹭洲国际项目

设计：成都基准方中建筑设计
绘制：成都上润图文设计制作公司

3 **4** 双塔城市广场

设计：运城市博博建筑设计研究院
绘制：银河世纪图像

5 扬中商业街

设计：上海济景建筑设计有限公司
绘制：上海艺筑图文设计有限公司

1

3

4

5

1 西安林港大道
设计：京易兰建筑规划设计有限公司
绘制：北京图道数字科技有限公司

2 山东章丘商场
设计：中国建筑东北设计研究院有限公司第三设计所
绘制：沈阳帧帝三维建筑艺术有限公司

3 辽宁阜新维多利亚湾
绘制：沈阳帧帝三维建筑艺术有限公司

4 海南商业街
设计：个人
绘制：北京百典数字科技有限公司

5 时代公馆项目
设计：四川国恒建筑设计四所
绘制：成都上润图文设计制作公司

4

5

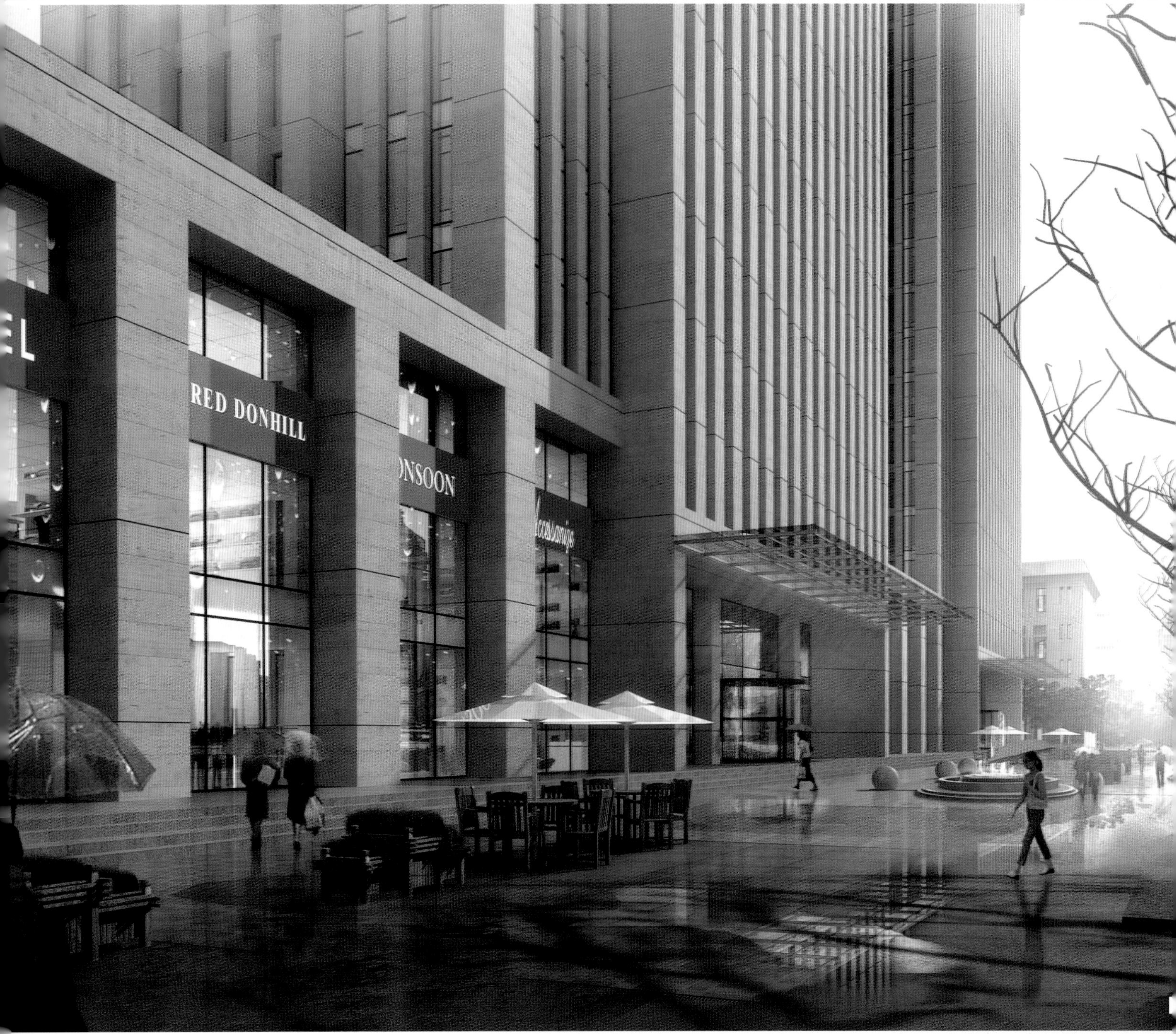
RED DONHILL
ONSOON

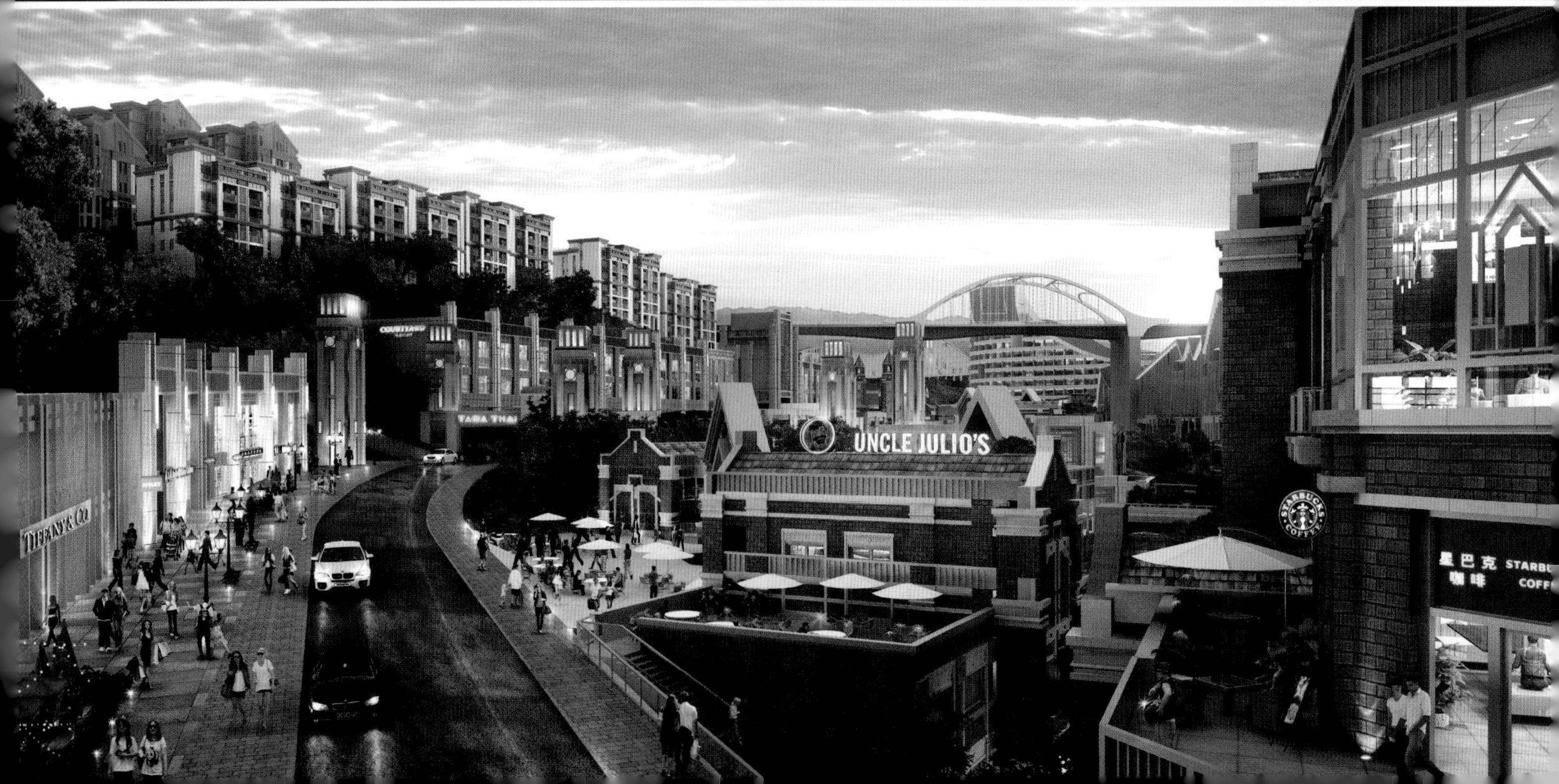
UNCLE JULIO'S
TIFFANY & Co
星巴克
咖啡

1 天津中环七号

设计：天砚文化传播（天津）有限公司
绘制：天津天砚建筑设计咨询有限公司

2 重庆某商业街

设计：北京轩辕景观规划设计有限公司
绘制：北京图道数字科技有限公司

3 香兰商业项目

设计：西南建筑设计七所
绘制：成都上润图文设计制作公司

4 某商业街

设计：某建筑设计单位
绘制：北京图道数字科技有限公司

1

1 2 北斗星城

设计：广州柏源建筑设计有限公司
绘制：深圳千尺数字图像设计有限公司

3 平安光谷春天

设计：武汉海兴房地产开发有限公司
绘制：武汉擎天建筑设计咨询有限公司

4 鹿鸣商业大道

设计：深圳市思德杰建筑设计有限公司
绘制：深圳千尺数字图像设计有限公司

1 水尾城市

设计：兰德人城市规划设计（深圳）有限公司
绘制：深圳市深白数码影像设计有限公司

1

1

2

3

4

5

1 2 3 红树林

设计：北京易兰建筑规划设计有限公司
绘制：北京图道数字科技有限公司

4 华润二十四城

设计：西南建筑设计七所
绘制：成都上润图文设计制作公司

5 成都国贸中心

设计：西南建筑设计院七所
绘制：成都上润图文设计制作公司

1 2 妙林商业街

设计：深圳筑之源

绘制：深圳筑之源

4 洛阳市奥特莱斯项目

绘制：洛阳张涵数码影像技术开发有限公司

3 黄江项目

设计：深圳市博万建筑设计事务所

绘制：深圳千尺数字图像设计有限公司

5 仁和春天百货

设计：范晓东 郝江川

绘制：成都市浩瀚图像设计有限公司

3

4

5

《2015建筑＋表现》

正在征集中……

投稿QQ：2381577462

Contributions 征稿

Wanted…

进行中……

室内 · 建筑 · 景观

感谢您的参与！

TEL：010-67837998 010-67533200　E-MAIL: jidianbotu@163.com　bjrunhuan@163.com
地址：北京亦庄经济技术开发区 中辉世纪传媒大厦B座2层